Mechatronics Dynamics of Electromechanical and Piezoelectric Systems

机电耦合系统和压电系统动力学

[比] 安德·波蒙 著

李琳 范雨 刘学 编译

U0246136

北京航空航天大学出版社

内 容 简 介

哈密顿原理是动力学理论中的一个普遍而基本的定律。本书基于该理论给出对机电耦合系统和压电系统动力学的分析理论与分析方法。主要特点一是由浅入深、由表及里地介绍了机电耦合系统的分析原理;另一个特点是理论经典、内容新颖,包含了相关研究领域的许多前沿热点问题。在内容组织上,本书首先将哈密顿原理应用于电学系统,然后进一步推广至机电耦合系统,在此基础上引入压电材料结构在振动控制中的最新研究进展并对其进行耦合动力学分析,介绍了包括基于压电分支电路的被动阻尼减振技术、负电容的概念、自感知作动器原理等。这样循序渐进的安排使得新进入基于压电材料进行振动控制领域的研究人员,特别是高校的研究生很容易上路。

本书可供航空航天工程、船舶工程、汽车工程、土木工程、机械工程等领域从事振动主被动控制的研究生、工程设计人员及科技工作者学习与参考。

图书在版编目(CIP)数据

机电耦合系统和压电系统动力学 / (比)波蒙著;李琳,范雨,刘学编译. -- 北京 : 北京航空航天大学出版社,2014.6

书名原文:Mechatronics dynamics of electromechanical and piezoelectric systems

ISBN 978-7-5124-1550-8

Ⅰ.①机… Ⅱ.①波… ②李… ③范… ④刘… Ⅲ.①机电系统—耦合系统②压电器件—系统动态学 Ⅳ.①TM7②TM384

中国版本图书馆 CIP 数据核字(2014)第 119271 号

版权所有,侵权必究。

Translation from the English language edition: Mechatronics, by A. Preumont
Copyright © 2006, Springer Netherlands
Springer Netherlands is a part of Springer Science + Business Media
All Rights Reserved.

北京市版权局著作权合同登记号 图字:01-2014-3286

机电耦合系统和压电系统动力学
[比] 安德·波蒙 著
李琳 范雨 刘学 编译
责任编辑 李宁 蔡喆
*
北京航空航天大学出版社出版发行
北京市海淀区学院路 37 号(邮编 100191) http://www.buaapress.com.cn
发行部电话:(010)82317024 传真:(010)82328026
读者信箱:goodtextbook@126.com 邮购电话:(010)82316524
涿州市新华印刷有限公司印装 各地书店经销
*
开本:710×1 000 1/16 印张:9.75 字数:208 千字
2014 年 6 月第 1 版 2014 年 6 月第 1 次印刷 印数:2 000 册
ISBN 978-7-5124-1550-8 定价:29.00 元

若本书有倒页、脱页、缺页等印装质量问题,请与本社发行部联系调换。联系电话:(010)82317024

请记住，我的朋友，如果你仔细想一下就会发现，其实对某种理念的坚信不疑并不意味着对其有深刻理解。深刻理解或切身体会反而来自对曾经司空见惯、熟视无睹的现象的重新思考。

（引自 德尼·狄德罗 与 让·勒朗·达朗贝尔 的对话）

译者序

近现代工程技术的研究者似乎都面临这样的现实：一方面随着研究工作的深入展开，研究对象越来越复杂，具有越来越多的特性；另一方面，又总是希望能对研究对象的特性达到某种既简洁又不失普适的把握。本书正是机电耦合动力学领域的一部化繁为简、举重若轻的著作，其中不仅阐述了机电耦合系统领域的重要知识，更蕴含着如何梳理这些知识的新思路——正是这一特点激励译者将它分享给该领域的本科生、研究生、工程设计与研究人员。

机电耦合系统及其分析方法是本书的主题。机电耦合特性在众多工业、工程中都存在着广泛的应用，如传感器、作动器和换能器等。近年来，基于压电材料、形状记忆合金、磁致伸缩材料等智能材料的状态监测、振动控制、无线传感、能量收集、微机电系统的研究与设计更是成为了新的研究热点。电-磁-机耦合、电-热-机耦合、结构-控制耦合等原理已成为现代结构系统设计不可缺少的理论基础，也是现代结构工程师必备的知识。

为了深刻而简洁地阐述这一主题，作者安德·波蒙教授从经典的力学原理（哈密顿原理）及电学原理（基尔霍夫定律等）出发，深入浅出地介绍了融合机-电-磁耦合特性的广义哈密顿原理，详细推导并给出了基于能量泛函的磁-机-电耦合系统的拉格朗日动力学方程。在此基础上，还特别给出了在实际中应用最广泛的压电系统（包括压电层合板、压电复合梁、压电模态滤波器/传感器/作动器等一系列实际结构）的建模、动力特性分析的一般方法和结论。作为一本应用理论方面的专著，本书还以相当的篇幅论述了压电系统的一个具有重要应用前景的前沿研究分支——被动和主动阻尼技术。这些论述既展示了该领域前沿的研究动态，更突出展示了本书所建立的分析力学框架的“威力”。

本书的初译始于 2011 年末，李琳负责前言及第 1 和第 2 章，刘学负责第 3 和第 4 章，范雨负责第 5 和第 6 章。李琳负责每一章的斟酌和第 1、2、5、6 章的复译，范雨负责第 3、4 章的复译。译稿于 2012 年夏在译者所在的实验室内作为参考资料进行试读，期间李超老师、王培屹、邓鹏程、刘久周等研究生为本书的翻译提出了宝贵的建议。译者还要特别感谢北航出版社的蔡喆主任和责任编辑李宁对本书的重要贡献。由于译者的水平有限，翻译中难免有生涩难懂甚至错误之处，敬请读者指出并原谅。

李　琳

2013 年 3 月，于北京

前　言

我的前一部有关结构振动主动控制的著作 *Vibration Control of Active Structures*，是为在结构动力学与自动控制领域之间搭建一座跨越鸿沟的桥梁而作。在该书中，为了强调控制与结构之间的相互作用，经常采用专门针对特定问题而建立的、具有直观性的模型，而缺少对于能量传导与转换机理方面准确且深入的论述——这对主动结构来说是非常重要和基础的。本书的最初写作目的是通过对于该主题的一种更为严谨的论述，对前一部书进行更新，纠正偏颇。然而，随着工作的展开，该主题所涉及的内容越来越广，本身已经可以构成一部专著了。

基于哈密顿-拉格朗日方程，本书试图给出一种用于分析机电耦合系统和压电系统的统一方法。关于能量传导机理以及机电耦合系统的哈密顿原理，在一些专著中已有论述（如 Crandall 等人编著的 *Dynamics of Mechanical and Electromechanical Systems*，1968）；然而就作者所知，目前还没有一本系统论述压电系统动力学的专著。

本书的前三章，分别给出了机械系统、电路系统和机电系统的动力学分析方法，并将哈密顿原理以两种等价的表述推广至机电耦合系统。除少数几个示例外，这一部分的理论均源于已有的文献。后三章论及压电系统：第 4 章分析了离散的压电换能器以及具有压电换能器的结构，所采用的方法类似于前述章节，需要恰当地给出系统能量和余能函数；第 5 章对连续系统进行了分析，主要针对压电梁和压电层合板，重点在于压电层与基体结构的相互作用（压电载荷、模态滤波等）；第 6 章从主动、被动阻尼的视角考察了能量的转换，以一种统一的方法比较了各种主动、被动振动抑制效果，还探讨了使能量转换最大化的途径。

本书意在为希望获得机电耦合系统或压电换能器相关知识、并更好地理解机械响应与电学边界条件之间微妙关系的机械工程师（研究人员及研究生）提供相关知识。写作本书的动力是约瑟夫·亨利教授（Prof. Joseph Henry）曾经给贝尔（Alexander Graham Bell）的那句著名的建议——后者在 1875 年就其电话实验中出现的问题咨询亨利教授，并感叹缺乏电学知识难以解决机械设计过程中的问题时，亨利简单地答复道“那就去学吧！”。哈密顿-拉格朗日方程的魅力就是：一旦采用了恰当的能量与余能函数，所有的电磁力（电场、洛伦兹力……）及多物理场本构方程中的问题都可以迎刃而解了。

致谢

首先，我要感谢我现在和过去的研究生以及合作者，感谢他们的热情和好奇，他们提出的许多问题对本书具有指导意义。特别要感谢的是 Amit Kalyani、Bruno de Marneffe，还有 Avraam 和 Arnaud Deraemaeker，他们帮助我准备手稿、绘制了大部分插图；Series 编辑和 Gladwell 教授以及我的朋友 Geradin，他们对修改这本书提出了有用的建议。我还要感谢 ESA/ESTEC，EU，FNRS 和 SSTC 的 IUAP 项目对于比利时自由大学主动结构实验室提供的慷慨资助。这本书的一部分写于法国贡比涅科技大学(罗伯瓦尔实验室)，当时我正在那里做客座教授。

符号约定

在写一本书的时候，总会出现一些符号的问题，特别是当人们想阐述多个学科主题时，这些问题就更为突出，因为它要涉及多个长期没有关联但各自有一套完善的符号系统的领域。本书也不例外，因为机电一体化系统这个主题涉及分析力学、结构力学、电路、电磁学、压电和自动控制等多个领域。

本书的符号遵循以下规则：(1)我们尽量使用《IEEE 压电标准》(IEEE Standard on Piezoelectricity)。(2)当出现一些歧义时，我们会明确标出标量、向量和矩阵之间的区别；在文中也会解释它们的意义。在一些地方，向量会标注为$\{\}$(如 $\{T\}$ 代表应力向量，而 T_{ij} 代表应力张量)。(3)偏微分会用 $\partial/\partial x_i$ 或者用下标 $_{,i}$ 标注的选择尽量与经典教材一致。同样，本书将采用重复下标表示求和的约定(爱因斯坦求和约定)，尽管有时在上下文并未提到这一点。

Andr′e Preumont 安德·波蒙

Brussels，12,2005 布鲁塞尔 2005 年 12 月

本译著符号说明

符　号	意　义	首次出现
p	质点动量	(1.1)
	分布载荷	(1.32)
f	外力	(1.1)
	某个函数或方程	(1.13)
t	时间	(1.1)
T^*	动余能	(1.7)
T	应力	(1.78)
	动能	(1.3)
	换能器常数	(3.28)
T_{em}	机-电传递系数	(3.111)
V	势能	(1.25)
	电势差	(3.97)
v	速度	(1.5)
	横向位移	(1.29)
v'	v 关于空间坐标的一阶导数	(1.33)
v''	v 关于空间坐标的二阶导数	(1.30)
Q	广义力	(1.21)
	品质因子	(4.119)
	电量	第 5 章
q	广义坐标	(1.13)
	电量	(2.1)
a	系数	(1.16)
A	面积	(1.31)
x	坐标方向	(1.2)

	离散系统的位移向量	(1.47)
$\ddot{x}$	x 关于时间的二阶导数	(1.22)
$\dot{x}$	x 关于时间的一阶导数	(1.22)
δq	关于 q 的虚位移	(1.17)
R	质点合力	(1.20)
	电阻	2.2.3 节
C^t	与时间无关的常数项	(1.23)
w	某个方向的位移	1.10.5 节
W	功	(1.24)
W_e	电能	(2.2)
W_e^*	电余能	(2.6)
W_m	磁能	(2.12)
W_m^*	磁余能	(2.15)
V. I.	变分算子	(1.26)
L	拉格朗日函数	(1.28)
	电感系数	(2.11)
l	长度	1.6 节
E	弹性模量	(1.30)
	电场强度	(3.24)
e	电势差	(2.3)
i	索引(下标)	(1.20)
	电流	(2.1)
I	转动惯量	(1.30)
S	应变	(1.30)
s	拉普拉斯算子	(3.96)
ρ	密度	(1.31)

$\boldsymbol{M}$	质量矩阵	(1.47)
	弯矩	(5.30)
m	质量	(1.5)
$\boldsymbol{K}$	刚度矩阵	(1.48)
k	刚度	1.7.3 节
	机电耦合系数	(4.5)
D	耗散函数	(1.51)
	电位移	(4.1)
d	压电材料的机电耦合系数	(4.2)
$\boldsymbol{C}$	粘滞阻尼矩阵	(1.54)
	电容	(2.4)
c	线弹性材料的本构系数	(1.81)
Ω	转速	1.7.4 节
ω	频率	1.7 节
ω_i	模态频率	(5.22)
ω_0	固有频率	1.7.4 节
ω_n	固有频率	1.7.5 节
U	应变能函数	(1.79)
u	某个方向的运动位移	1.7.5 节
$\boldsymbol{G}$	陀螺力矩矩阵	(1.55)
	频响函数	(5.37)
g	重力加速度	1.6 节
	动态增益	(5.39)
	拉格朗日乘子	(1.60)
	磁通量	(2.10)

	电磁波波长	3.2 节
Ψ	假设模态函数	(1.73)
$\boldsymbol{B}$	磁场强度	(3.24)
g	反馈增益	(3.88)
b	换能器坐标变换矩阵	(4.23)
	宽度	(5.13)
Z_e	电阻抗	(3.111)
Z_m	机械阻抗	(3.112)
ε^T	常应力下的介电常数	(4.1)
δ	伸长量	(4.27)
	克罗内克算子	(5.22)
H	电焓密度	(4.78)
	模态动态放大因子	(5.40)
h	几何尺寸	(5.55)
ζ	阻尼比	(4.118)
ϕ	模态函数	(5.19)
$\boldsymbol{\Phi}$	振型矩阵	(6.32)
μ_i	模态质量	(5.22)
z_i	模态自由度	(5.19)
$\boldsymbol{N}$	力矩	(5.52)
y	直角坐标系坐标	1.3 节
	电压输出	(6.1)
Ψ	闭环传递函数	6.10.2 节

目　录

第 1 章 机械系统的拉格朗日动力学

1.1 引 言

本书将基于哈密顿原理，以一种统一的方式考察机电耦合系统的建模。本章将首先回顾机械系统的拉格朗日动力学；下一章将讨论电路系统的拉格朗日动力学；后续的章节将对一系列包括压电结构在内的、更宽泛的机电耦合系统展开讨论。

拉格朗日动力学用对标量(能量、功)的分析代替传统动力学对矢量(力、动量、扭矩、角动量)的分析。在拉格朗日动力学分析中，广义坐标代替了物理坐标，使得建立的公式与坐标系的选取无关；对系统的整体分析取代了对各个隔离体的独立分析，具有不再需要考察(由约束产生的)系统各部件间界面力的优势；而且广义坐标的选取不是唯一的。

静力学方程从矢量形式(牛顿定律)到变分形式的转变始于虚功原理。达朗贝尔原理又使人们得以将虚功原理推广到动力学领域，进而得到了离散系统的哈密顿原理和拉格朗日方程。

哈密顿原理是牛顿定律的另一种表达形式，可以说它是一个非导出的物理基本定律。然而我们相信对于初学者，哈密顿原理的形式很难一下就被理解，而将其以质点系动力平衡方程的变换形式导出，更容易被理解和接受。实际上，哈密顿原理是比牛顿定律更具普遍意义的原理，因为它可以被推广到(用偏微分方程描述的)连续系统，以及如后文所述，它还可以被推广到机电耦合系统。哈密顿原理也是动力学领域众多数值方法(包括有限元法)的基础理论。

1.2 运动状态函数

考虑一个具有动量 p 的质点沿 x 方向运动。根据牛顿定律，作用在质点上的力等于其动量的变化率：

$$f=\frac{\mathrm{d}p}{\mathrm{d}t} \tag{1.1}$$

外力对质点做功的增量为

$$f\mathrm{d}x=\frac{\mathrm{d}p}{\mathrm{d}t}\mathrm{d}x=\frac{\mathrm{d}p}{\mathrm{d}t}v\mathrm{d}t=v\mathrm{d}p \tag{1.2}$$

式中，$v=\dfrac{\mathrm{d}x}{\mathrm{d}t}$ 为质点的运动速度。动能函数 $T(p)$ 定义为质点的动量从 0 增到 p 的

过程中力 f 所作的功：

$$T(p) = \int_0^p v\mathrm{d}p \tag{1.3}$$

根据这一定义，T 是瞬时动量 p 的函数，T 对 p 的导数为瞬时速度：

$$\frac{\mathrm{d}T}{\mathrm{d}p} = v \tag{1.4}$$

到目前为止，我们还没有对 p 与 v 的显式关系作任何假设。牛顿力学的本构方程给出：

$$p = mv \tag{1.5}$$

将其代入方程式(1.3)，得到

$$T(p) = \frac{p^2}{2m} \tag{1.6}$$

实际上还有一个与之互补的描述运动状态的函数，将其定义为动余能函数(见图 1-1)：

$$T^*(v) = \int_0^v p\mathrm{d}v \tag{1.7}$$

与式(1.3)类似，上式与速度-动量的关系无关。从图 1-1 可以看出 $T(p)$ 和 $T^*(v)$ 具有如下关系：

$$T^*(v) = pv - T(p) \tag{1.8}$$

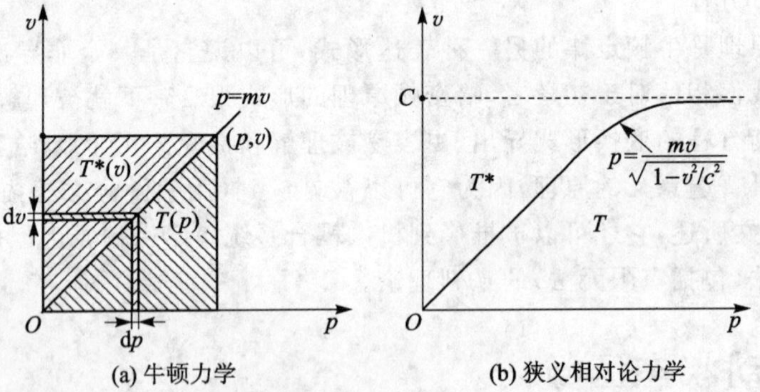

图 1-1 速度-动量关系

利用式(1.4)，动余能的全微分可写为

$$\mathrm{d}T^* = p\mathrm{d}v + v\mathrm{d}p - \frac{\mathrm{d}T}{\mathrm{d}p}\mathrm{d}p = p\mathrm{d}v \tag{1.9}$$

由此得到

$$p = \frac{\mathrm{d}T^*}{\mathrm{d}v} \tag{1.10}$$

因此，动余能是一个瞬时速度的函数，其对速度 v 的导数为瞬时动量。式(1.8)定义了一个勒让德变换。该变换可以使我们在本构关系中改变独立变量[将

$T(p)$ 中的 p 变为 $T^*(v)$ 中的 v]而不损失任何信息。联立式(1.5)和式(1.7)可得牛顿质点的动余能表达式：

$$T^*(V) = \frac{1}{2}mv^2 \tag{1.11}$$

这一形式在多数工程力学的教科书中被作为动能的定义式。需要注意的是，尽管对于牛顿质点系 $T(p)$ 和 $T^*(v)$ 具有相同的值，然而它们却有不同的变量。在牛顿力学中 T 和 T^* 总是相同的，因此在传统的应用中对二者不加区分。特别是在力学的变分原理中，人们总是用位移作为变量，不用考虑不同变量的问题，因此也就更没有必要区分 $T(p)$ 和 $T^*(v)$。然而在后续的章节中，要把哈密顿原理推广到机电耦合系统，这时就有必要区分电能、磁能和电余能、磁余能。这也是本书中坚持用动余能 $T^*(v)$ 来表示式(1.11)，而不用传统的动能符号 $T(v)$ 将其替换的原因。

为了说明 T 和 T^* 有可能不同，比较好的方法是走出牛顿力学，采用狭义相对论，此时本构方程式(1.5)要用下式来替代：

$$p = \frac{mv}{\sqrt{1 - v^2/c^2}} \tag{1.12}$$

式中，m 是静质量；c 是光速。在质量的运动速度很低时，方程式(1.12)和式(1.5)几乎是等价的；而当运动速度很高时，二者的差异就十分显著了如图 1-1(b)所示，此时 T 和 T^* 不再相同①。

1.3　广义坐标，动力学约束

动力相容的运动是指空间中满足几何边界条件的那些运动。广义坐标是指能完全描述系统在参考系中运动位形的坐标。这组坐标不是唯一的，图 1-2 给出了一个平面双摆的两组广义坐标，第一组采用了相对角度，而另一组广义坐标则采用了绝对角度。需要强调的是，广义坐标并非总是具有诸如位移或角度这样简单直观的物理意义，它也可以是连续分布系统的模态幅值，这在对柔性结构分析中广泛采用。

系统的自由度数是指描述该系统的位形所需的最少坐标数。如果系统的广义坐标数等于自由度数，那么这些广义坐标构成了一个广义坐标的最小组合。采用广义坐标的最小组合对系统进行描述并非总能简单地实现，也并非一定要实现。当广义坐标的数大于自由度数时，各坐标不是独立的，它们之间存在运动约束。如果广义坐标 q_i 之间的约束方程具有如下形式：

$$f(q_1, \cdots, q_n, t) = 0 \tag{1.13}$$

则称这类约束为完整约束；如果时间变量不显式出现在约束中，则约束为定常约束：

①与动余能 T^* 不同，势余能 V^* 在结构工程中经常用到。然而本书中应用的变分方法仅依赖于位移(对应于势能 V)，因此没有用到 V^*(以力为自变量)。——原注

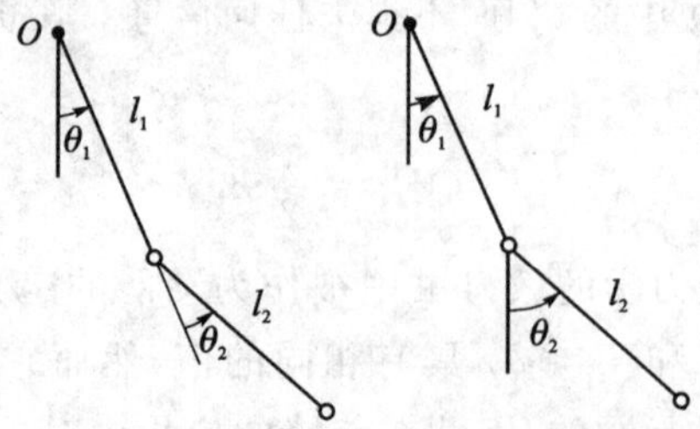

(a) 相对角度　　(b) 绝对角度

图 1-2　平面双摆的广义坐标

$$f(q_1, \cdots, q_n) = 0 \tag{1.14}$$

代数约束方程式(1.13)或式(1.14)可以用来消去冗余的广义坐标，以获得最小广义坐标组。然而，如果运动约束是用(不可积的)微分方程定义的：

$$\sum_i a_i \mathrm{d}q_i + a_0 \mathrm{d}t = 0 \tag{1.15}$$

或

$$\sum_i a_i \mathrm{d}q_i = 0 \tag{1.16}$$

则不能实现对冗余的广义坐标消除了。这类不可积的约束方程，如式(1.15)或式(1.16)，若其中不包含时间变量，则称为非完整约束。

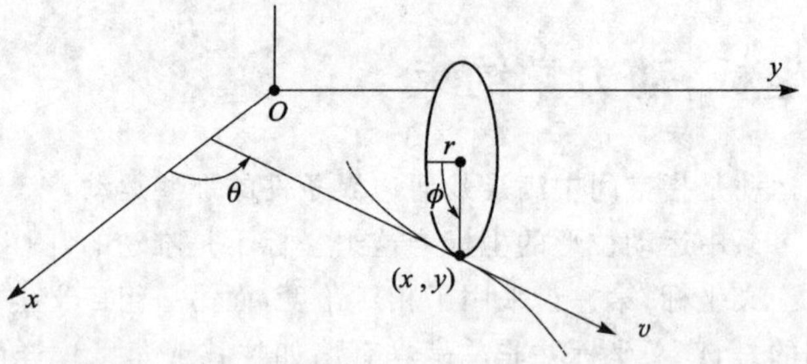

图 1-3　水平面上无滑动滚动的直立盘

举一个非完整约束的例子，我们考虑一个在水平面上无滑动滚动的直立的盘，如图 1-3 所示。该系统的运动可由 4 个广义坐标完全确定，分别是：盘与平面的接触点坐标 (x, y) 和盘的朝向，用 (θ, ϕ) 定义。读者可以验证，系统的任意运动轨迹都可以由这 4 个广义坐标确定(即这个盘可以按任意朝向运动到平面的所有点)。然而在本例中，这些坐标对时间的变化并不是独立的，因为它们必须满足如下的滚动条件：

$$v = r\dot{\phi}$$
$$\dot{x} = v\cos\theta$$
$$\dot{y} = v\sin\theta$$

联立这些方程，可以得到微分形式的约束方程：

$$\mathrm{d}x - r\cos\theta\,\mathrm{d}\phi = 0$$
$$\mathrm{d}y - r\sin\theta\,\mathrm{d}\phi = 0$$

这个方程组实际上限制了盘从一个位置运动到另一个位置的路径。

虚位移，或更一般地说是位形空间中的一个虚拟变化，是指坐标在某一给定的时间微段所发生的(任意)满足运动约束的微小改变。采用符号 δ 来表示广义坐标的虚改变，这种改变与微分的规律相同，只是不涉及时间。因而对于一个具有广义坐标 $\boldsymbol{q}_i$ 及完整约束式(1.13)或式(1.14)的系统，与之相容的虚位移必须满足：

$$\delta \boldsymbol{f} = \sum_i \frac{\partial \boldsymbol{f}}{\partial \boldsymbol{q}_i}\delta \boldsymbol{q}_i = 0 \tag{1.17}$$

注意，由于虚位移是发生在一个时间微段内的(在这段时间内它是常量)，所以无论时间 t 是否显式出现在约束方程中，上式的形式都是一样的。对于非完整约束式(1.15)或式(1.16)，虚位移必须满足：

$$\sum_i \boldsymbol{a}_i \delta \boldsymbol{q}_i = 0 \tag{1.18}$$

比较式(1.15)和式(1.18)，注意到，如果时间 t 显式出现在约束方程中，则虚位移是不可能在实际中发生的。位移的微分 $\mathrm{d}\boldsymbol{q}_i$ 是质点的运动状态随时间的改变量；而虚位移 $\delta\boldsymbol{q}_i$ 是质点的两条轨迹在同一时刻的差异。

考虑一个受约束的质点在一个光滑表面上运动：

$$f(\boldsymbol{x},\boldsymbol{y},\boldsymbol{z}) = 0$$

虚位移必须满足约束方程：

$$\frac{\partial \boldsymbol{f}}{\partial \boldsymbol{x}}\delta \boldsymbol{x} + \frac{\partial \boldsymbol{f}}{\partial \boldsymbol{y}}\delta \boldsymbol{y} + \frac{\partial \boldsymbol{f}}{\partial \boldsymbol{z}}\delta \boldsymbol{z} = 0$$

这个表达式实际上是表面梯度：

$$\mathrm{grad}\ f = \boldsymbol{\nabla} f = \left(\frac{\partial \boldsymbol{f}}{\partial \boldsymbol{x}}, \frac{\partial \boldsymbol{f}}{\partial \boldsymbol{y}}, \frac{\partial \boldsymbol{f}}{\partial \boldsymbol{z}}\right)^{\mathrm{T}}$$

与虚位移矢量

$$\delta \boldsymbol{x} = (\delta \boldsymbol{x}, \delta \boldsymbol{y}, \delta \boldsymbol{z})^{\mathrm{T}}$$

的点积：

$$\mathrm{grad}\ f \cdot \delta \boldsymbol{x} = (\nabla f)^{\mathrm{T}} \cdot \delta \boldsymbol{x} = 0$$

由于 ∇f 是与表面法线 n 平行的，所以可知虚位移是沿表面的切线方向。现在考虑质点在运动中所受的约束力 F，假设运动表面光滑无摩擦，则该力垂直于表面，因而

$$\boldsymbol{F} \cdot \delta \boldsymbol{x} = \boldsymbol{F}^{\mathrm{T}} \cdot \delta \boldsymbol{x} = 0 \tag{1.19}$$

即约束力对任意虚位移的虚功为零。对于一个可逆系统(无摩擦系统)，这是一个具有普遍意义的表述。由于虚位移是发生在一个时间微段内的(在这段时间内它是常量)，所以这一表述对于时间 t 显式出现在表面方程中的情况也成立。

1.4 虚功原理

虚功原理是无摩擦机械系统静力平衡的一个变分公式。考虑一个具有 N 个质点的系统,设这 N 个质点的坐标矢量为:$\boldsymbol{x}_i, i=1,2,\cdots,N$。静力平衡意味着作用于每个质点的合力 $\boldsymbol{R}_i$ 为零,对于所有满足运动约束的虚位移 $\delta\boldsymbol{x}_i$,点积 $\boldsymbol{R}_i\cdot\delta\mathbf{x}_i=0$,以及

$$\sum_{i=1}^{N}\boldsymbol{R}_i\cdot\delta\boldsymbol{x}_i=0$$

$\boldsymbol{R}_i$ 可以分为两部分,一部分是作用于质点的外力 $\boldsymbol{F}_i$;另一部分是质点的约束力 $\boldsymbol{F'}_i$:

$$\boldsymbol{R}_i=\boldsymbol{F}_i+\boldsymbol{F'}_i$$

则前面一个式子可以写为

$$\sum\boldsymbol{F}_i\cdot\delta\boldsymbol{x}_i+\sum\boldsymbol{F'}_i\cdot\delta\boldsymbol{x}_i=0$$

对于可逆系统(无摩擦),式(1.19)表明约束力的虚功为零,即上式中的第二项为零,因而又得到

$$\sum\boldsymbol{F}_i\cdot\delta\boldsymbol{x}_i=0 \tag{1.20}$$

即外力对满足运动约束的虚位移的虚功为零。这个结论的意义在于:①平衡方程中的反力没有出现;②静力平衡问题转换为运动学问题;③该结论还可以以广义坐标的形式写出:

$$\sum\boldsymbol{Q}_k\cdot\delta\boldsymbol{q}_k=0 \tag{1.21}$$

式中,$\boldsymbol{Q}_k$ 是对应于广义坐标 $\boldsymbol{q}_k$ 的广义力。

作为一个应用实例,考虑一个如图 1-4 所示的单自由度运动放大机构。该机构的运动学方程为

$$\begin{cases}x=5a\sin\theta\\ y=2a\cos\theta\end{cases}$$

因而

$$\begin{cases}\delta x=5a\cos\theta\delta\theta\\ \delta y=-2a\sin\theta\delta\theta\end{cases}$$

根据虚功原理,可得

$$f\delta x+w\delta y=(f\cdot 5a\cos\theta-w\cdot 2a\sin\theta)\delta\theta=0$$

这表明对于任意的 $\delta\theta$,静力平衡的力 f 和 w 有如下关系:

$$f=w\cdot\frac{2}{5}\tan\theta$$

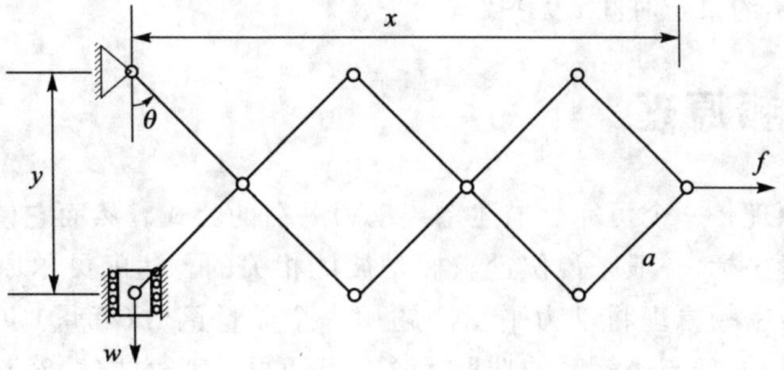

图 1-4　单自由度运动放大机构

1.5　达朗贝尔原理

达朗贝尔原理把虚功原理推广到动力学领域。达朗贝尔原理的表述是，在质点系的外力 $\boldsymbol{F}_i$ 和约束力 $\boldsymbol{F}'_i$ 之外，把惯性力 $-m\ddot{x}$ 加入，则可将质点系的动力平衡问题按照静力平衡问题来分析。

实际上，由牛顿定理可知，对于每个质点有

$$\boldsymbol{R}_i = \boldsymbol{F}_i + \boldsymbol{F}'_i - m_i\ddot{x}_i = 0$$

按前一小节的分析流程，对所有质点求和，并且令约束力的虚功为零，得到

$$\sum_{i=0}^{N}(F_i - m_i\ddot{x}_i) \cdot \delta x_i = 0 \tag{1.22}$$

有时人们将外力与惯性力的合力称为有效力。因而，有效力对满足运动约束的虚位移的虚功为零。这一原理更具普遍意义。然而，由于它仍然与按惯性坐标系表述的矢量相关，不像虚功原理那样可以直接转换到广义坐标，所以应用起来较为困难。这一问题将在下一小节的哈密顿原理中得到解决。

如果时间不显式出现在约束方程中，则虚位移就是可在实际中发生的位移，对于实际的位移 $\mathrm{d}x_i = \dot{x}_i\mathrm{d}t$，也可应用方程式(1.22)表示为：

$$\sum_i F_i \cdot \mathrm{d}x_i - \sum_i m_i\ddot{x}_i \cdot \dot{x}_i\mathrm{d}t = 0$$

如果外力可以用一个势函数 V 的梯度表示，该势函数不显式依赖于时间 t，则 $\sum F_i\mathrm{d}x_i = -\mathrm{d}V$（若 V 显式依赖于 t，则全微分中要包含一个关于时间 t 的偏微分），这样的力称为保守力。上式中的第二项是动余能的微分：

$$\sum_i m_i\ddot{x}_i \cdot \dot{x}_i\mathrm{d}t = \frac{\mathrm{d}}{\mathrm{d}t}\left(\frac{1}{2}\sum_i m_i\dot{x}_i \cdot \dot{x}_i\right)\mathrm{d}t = \mathrm{d}T^*$$

因而有 $\mathrm{d}(T^* + V) = 0$，即

$$T^* + V = C^t \tag{1.23}$$

这就是能量守恒定律。注意，该定律适用的系统满足的条件为：①势能不显式依赖于

时间 t；②动力学约束与时间 t 无关。

1.6 哈密顿原理

达朗贝尔原理是一个可完全描述系统动力平衡的公式。然而它使用的是质点系中各质点的位置坐标，一般来说位置坐标是彼此相关的。达朗贝尔原理无法用广义坐标表示。而哈密顿原理将动力平衡问题用一个能量函数(标量)定积分的驻值表示。因此，哈密顿原理与坐标系的选取无关。下面再来考察式(1.22)，它的第一项为

$$\delta W = \sum F_i \cdot \delta x_i$$

代表的是外力虚功；方程的第二项借用如下等式：

$$\ddot{x}_i \cdot \delta x_i = \frac{\mathrm{d}}{\mathrm{d}t}(\dot{x}_i \cdot \delta x_i) - \dot{x}_i \cdot \delta \dot{x}_i = \frac{\mathrm{d}}{\mathrm{d}t}(\dot{x}_i \cdot \delta x_i) - \delta \frac{1}{2}(\dot{x}_i \cdot \dot{x}_i)$$

可以表示为

$$\sum_{i=1}^{N} m_i \ddot{x}_i \cdot \delta x_i = \sum_{i=1}^{N} m_i \frac{\mathrm{d}}{\mathrm{d}t}(\dot{x}_i \cdot \delta x_i) - \delta T^*$$

在上面的推导中，用到了 δ 与 (•) 的交换率，其中 T^* 是系统的动余能。采用这一表达式，把达朗贝尔原理式(1.22)转换为

$$\delta W + \delta T^* = \sum_{i=1}^{N} m_i \frac{\mathrm{d}}{\mathrm{d}t}(\dot{x}_i \cdot \delta x_i)$$

上式的左端由标量的功与能量函数构成；右端包含了一个对时间的全微分，这个全微分可以通过在某一个时间段上积分消去。设已知系统在 t_1 和 t_2 两个时刻的运动状态，则

$$\delta x_i(t_1) = \delta x_i(t_2) = 0 \tag{1.24}$$

于是有下面的积分结果：

$$\int_{t_1}^{t_2} (\delta W + \delta T^*)\mathrm{d}t = \sum_{i=1}^{N} m_i [\dot{x}_i \cdot \delta x_i]_{t_1}^{t_2} = 0$$

如果外力中包含有保守力：

$$\delta W = -\delta V + \delta W_{nc} \tag{1.25}$$

式中，V 是势函数；δW_{nc} 是非保守力的虚功。由此可以得到用变分算子(Variational Indicator，V. I.)表示的哈密顿原理：

$$\text{V. I.} = \int_{t_1}^{t_2} [\delta(T^* - V) + \delta W_{nc}]\mathrm{d}t = 0 \tag{1.26}$$

或

$$\text{V. I.} = \int_{t_1}^{t_2} [\delta L + \delta W_{nc}]\mathrm{d}t = 0 \tag{1.27}$$

式中，

$$L = T^* - V \tag{1.28}$$

为系统的拉格朗日函数。该原理对系统动力平衡的文字表述为：动力平衡系统运动的路径是满足运动约束条件，并在时刻 t_1 和 t_2 满足 $\delta x_i(t_1) = \delta x_i(t_2) = 0$ 的所有路径中使哈密顿作用量式(1.26)或式(1.27)为零的路径。

需再次强调的是，δx_i 并非实际路径上的一段位移，而是某一时刻实际路径与受扰动路径的差，如图 1-5 所示。

注意，与方程式(1.23)所包含的势函数不能显式依赖于时间的要求不同，虚功表达式(1.25)中的 V 可以依赖于 t，因为虚功的改变是发生在一个时间微段上（$\delta V = \nabla V \cdot \delta x$，而 $\mathrm{d}V = \nabla V \cdot \mathrm{d}x + \partial V/\partial t \cdot \mathrm{d}t$）。

尽管是从质点系达朗贝尔原理导出的哈密顿原理，但是它是关于系统动力平衡最普遍的原理。如后文所述，它可以应用于连续系统以及其他系统，因此在许多方面它比牛顿定律更具普遍意义。一些读者认为，作为一个物理学的基本定律，它不应是导出的，而是存在并直接被人们所接受的。完全可以以另一种方式给出这个定律与牛顿定律的关系：先给出哈密顿原理的一般表述，然后说明该原理涵盖了牛顿定律。这只是看问题角度不同的问题，也是一个历史问题：牛顿定律的问世(1687 年)与哈密顿原理的出现(1835 年)相隔了 150 年。从现在起，将以哈密顿原理作为动力学的基本定律。我们再次陈述如下观点：在纯力学问题中，没有必要区分动能 T 和动余能 T^*；这里将其区分是由于需要将哈密顿原理推广至机电耦合系统。

考虑图 1-6 所示的平面单摆，以铰支点 O 为参考点，写出拉格朗日函数：

$$L = T^* - V = \frac{1}{2}m(l\dot{\theta})^2 + mgl\cos\theta$$

$$\delta L = ml^2\dot{\theta}\,\delta\dot{\theta} - mgl\sin\theta\,\delta\theta$$

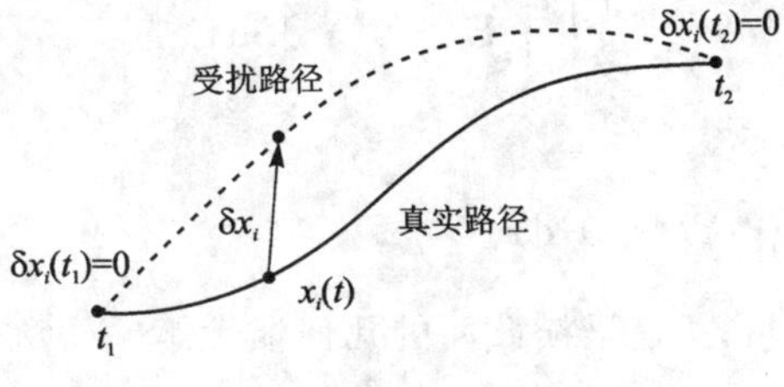

图 1-5　实际路径与受扰路径

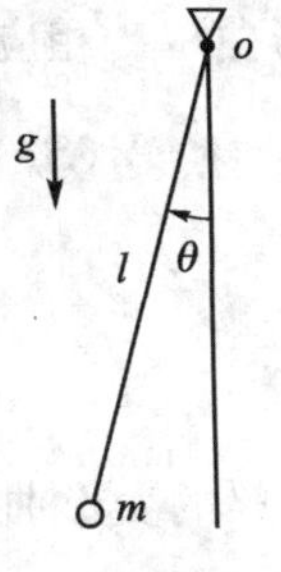

图 1-6　平面单摆

根据哈密顿原理，对于所有满足 $\delta\theta(t_1) = \delta\theta(t_2) = 0$ 的虚位移的变分，变分算子 V.I. =0，即：

$$\text{V.I.} = \int_{t_1}^{t_2} [ml^2\dot{\theta}\,\delta\dot{\theta} - mgl\sin\theta\,\delta\theta]\mathrm{d}t = 0$$

如在变分计算中经常做的那样，$\delta\dot{\theta}$ 可以通过对变分因子在时间 t 上的部分积分消去。将式 $\dot{\theta}\,\delta\dot{\theta} = \frac{\mathrm{d}}{\mathrm{d}t}(\dot{\theta}\,\delta\theta) - \ddot{\theta}\,\delta\theta$ 引入上式，可以得到

$$\mathrm{V.I.} = [ml^2\dot{\theta}\,\delta\theta]_{t_1}^{t_2} - \int_{t_1}^{t_2}(ml^2\ddot{\theta} + mgl\sin\theta)\,\delta\theta\,\mathrm{d}t = 0$$

而所有虚位移的变分满足 $\delta\theta(t_1)=\delta\theta(t_2)=0$，所以对于任意的 $\delta\theta$，上式等号右端第二项括号中的部分为零：

$$ml^2\ddot{\theta} + mgl\sin\theta = 0$$

这就是单摆的振动微分方程。在后文（第 1.7 节）中，将看到采用拉格朗日方程可更快地求解这类问题。然而在此之前，我们继续通过推导欧拉-伯努利梁的横向振动偏微分方程来展示哈密顿原理的"威力"。

考虑图 1-7 所示的梁的横向振动问题，该梁承受横向载荷 $p(x,t)$。设梁的横向振动就发生在纸平面内。记 $v(x,t)$ 为梁的横向位移；虚位移 $\delta v(x,t)$ 满足几何（动力学）边界条件，且

$$\delta v(x,t_1) = \delta v(x,t_2) = 0 \tag{1.29}$$

（运动状态在时间边界 t_1 和 t_2 处是固定不变的）。

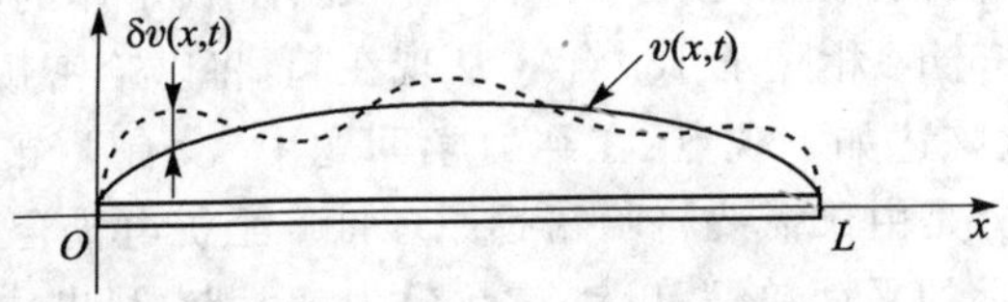

图 1-7　梁的横向振动

欧拉-伯努利梁理论忽略了剪切变形并且假定横截面保持与中性轴正交；这相当于假定了横截面上某点的轴向应变 S_{11} 与其至中性轴的距离成正比，$S_{11}=-zv''$，v'' 是梁的变形曲率。相应地，势能在此即是应变能，为

$$V(S_{ij}) = \frac{1}{2}\int_V E(S_{11})^2\mathrm{d}V = \frac{1}{2}\int_0^L\int_S E(v'')^2 z^2\mathrm{d}S\mathrm{d}x$$

或

$$V = \frac{1}{2}\int_0^L EI(v'')^2\mathrm{d}x \tag{1.30}$$

式中，v'' 是梁的变形曲率；E 是弹性模量；I 是梁横截面的几何惯性矩（EI 称为抗弯刚度）。

若仅考虑横向运动的惯性，则动余能为

$$T^* = \frac{1}{2}\int_0^L \rho A(\dot{v})^2\mathrm{d}x \tag{1.31}$$

式中，$\dot{v}$ 是梁的横向运动的速度；ρ 是密度；A 是梁的横截面积。非保守力的虚功由分布载荷产生：

$$\delta W_{nc} = \int_0^L p\delta v\mathrm{d}x \tag{1.32}$$

对式(1.30)和式(1.31)的变分，有

$$\delta V = \int_0^L EIv''\delta v''\mathrm{d}x$$

$$\delta T^* = \int_0^L \rho A\dot{v}\delta\dot{v}\mathrm{d}x$$

如前一小节所述，通过对 t 的分步积分可以消去 $\delta\dot{v}$；通过对 x 的两次分步积分可以消去 $\delta v''$；于是可得

$$\begin{aligned}\delta V &= \int_0^L EIv''\delta v''\mathrm{d}x = [EIv''\delta v']_0^L - \int_0^L (EIv'')'\delta v'\mathrm{d}x \\ &= [EIv''\delta v']_0^L - [(EIv'')'\delta v]_0^L + \int_0^L (EIv'')''\delta v\mathrm{d}x\end{aligned}$$

同样可得

$$\int_{t_1}^{t_2} \delta T^*\,\mathrm{d}t = \int_{t_1}^{t_2} \mathrm{d}t\int_0^L \rho A\dot{v}\ \delta\dot{v}\mathrm{d}x = \left[\int_0^L \rho A\dot{v}\ \delta v\mathrm{d}x\right]_{t_1}^{t_2} - \int_{t_1}^{t_2}\mathrm{d}t\int_0^L \rho A\ddot{v}\ \delta v\mathrm{d}x$$

根据式(1.29)，上式方括号中的项为零。把上面的表达式代入哈密顿原理，得到

$$\int_{t_1}^{t_2} \mathrm{d}t\left\{-[EIv''\delta v']_0^L + [(EIv'')'\delta v]_0^L + \int_0^L [-(EIv'')'' - \rho A\ddot{v} + p]\,\delta v\mathrm{d}x\right\} = 0 \tag{1.33}$$

对于所有动力学相容以及满足式(1.29)的变分 δv，哈密顿泛函都须为零，这意味着系统的动力平衡可由如下偏微分方程描述：

$$(EIv'')'' + \rho A\ddot{v} = p \tag{1.34}$$

此外，方括号中的项也应为零，发现在 $x=0$ 和 $x=L$ 处必须满足如下条件：

$$EIv''\delta v' = 0 \tag{1.35}$$

$$(EIv'')'\delta v = 0 \tag{1.36}$$

第一个方程表明，在梁的两端或者有 $\delta v'=0$，即转角固定，或者 $EIv''=0$，即弯矩为零。同样第二个方程意味着在梁的两端或者有 $\delta v=0$，即位移固定，或者 $(EIv'')'=0$，即剪力为零。$\delta v'=0$ 和 $\delta v=0$ 是运动(几何)边界条件；$EIv''=0$ 和 $(EIv'')'=0$ 有时被称为自然边界条件，因为它们是由变分原理自然导出的。梁的自由端允许任意的 $\delta v'$ 和 δv，这意味着 $EIv''=0$ 和 $(EIv'')'=0$；固定端意味着 $\delta v'=0$ 和 $\delta v=0$；铰支意味着 $\delta v=0$ 但是 $\delta v'$ 可以是任意的，所以 $EIv''=0$。注意运动边界条件和自然边界条件总是成对出现：位移与剪力对应，转动与弯矩对应。

第 5 章将讨论欧拉-伯努利梁，并且是含有压电材料层的梁。我们要用到更为深入的梁的理论，将考虑截面的剪切变形和转动惯性矩，以位移场不同的运动假设为基础，得到应变能和动余能的不同表达式。应用哈密顿原理的推导过程将与上面的讨论类似。

1.7　拉格朗日方程

哈密顿原理依赖于标量的功和能量，与坐标系的选取无关。系统的位形可以用

广义坐标 q_i 来描述。如果广义坐标是独立的，那么系统位形的虚拟变化就可以用独立的广义坐标的虚拟变化 δq_i 来表示。这使我们可以把哈密顿原理的泛函式(1.26)转换成一组微分方程，该组微分方程被称为拉格朗日方程。

首先，考虑用一组数量有限且互相独立的广义坐标 q_i 描述系统位形的情况。系统所有的质点满足

$$x_i = x_i(q_1, \cdots, q_n, t) \tag{1.37}$$

这里我们考虑了时间 t 显式出现的情况，这样做对于转动机械，在分析系统的陀螺效应时十分必要。质点 i 的速度为

$$\dot{x}_i = \sum_j \frac{\partial x_i}{\partial q_j}\dot{q}_j + \frac{\partial x_i}{\partial t} \tag{1.38}$$

式中的偏微分 $\frac{\partial x_i}{\partial q_j}$ 形成的矩阵就是雅可比矩阵。根据式(1.38)，动余能可由下面的形式给出：

$$T^* = \frac{1}{2}\sum_i m_i \cdot \dot{x}_i \cdot \dot{x}_i = T_2^* + T_1^* + T_0^* \tag{1.39}$$

式中，T_2^*，T_1^*，T_0^* 分别为广义坐标 $\dot{q}_i$ 的 2 阶、1 阶和 0 阶齐次函数；T_i^* 的系数取决于偏微分 $\partial x_i/\partial q_j$，后者本身也是 q_i 的函数。注意，如果 t 非显式存在，则式(1.38)的最后一项不存在，且 $T^* = T_2^*$（$\dot{q}_i$ 的二次型函数）。T_0^* 与 $\dot{q}_i$ 无关，因此是一个势函数，一般与离心力相关；而线性项 T_1^* 则是由陀螺力引起。动余能的一般形式为

$$T^* = T^*(q_1, \dots, q_n, \dot{q}_1, \cdots, \dot{q}_n, t) \tag{1.40}$$

势能 V 与速度无关；它的一般形式是

$$V = V(q_1, \cdots, q_n, t) \tag{1.41}$$

根据这两个方程，可以给出拉格朗日函数更一般的形式：

$$L = T^* - V = L(q_1, \cdots, q_n, \dot{q}_1, \cdots, \dot{q}_n, t) \tag{1.42}$$

现在分析非保守力的虚功。把虚位移 δx_i 用 δq_i 来表示，则可得

$$\delta W_{nc} = \sum_i F_i \delta x_i = \sum_i \sum_k F_i \frac{\partial x_i}{\partial q_k}\delta q_k = \sum_k Q_k \delta q_k \tag{1.43}$$

式中，

$$Q_k = \sum_i F_i \frac{\partial x_i}{\partial q_k} \tag{1.44}$$

Q_k 是对应广义坐标 q_k 的广义力，二者是能量对偶的（即它们的乘积具有能量的量纲）。将方程式(1.43)代入哈密顿原理式(1.26)，得到

$$\begin{aligned} \text{V. I.} = \delta I &= \int_{t_1}^{t_2} [\delta L(q_1, \cdots, q_n, \dot{q}_1, \cdots, \dot{q}_n, t) + \sum Q_i \delta q_i] \mathrm{d}t \\ &= \int_{t_1}^{t_2} \left[\sum_i \left(\frac{\partial L}{\partial q_i}\delta q_i + \frac{\partial L}{\partial \dot{q}_i}\delta \dot{q}_i \right) + \sum Q_i \delta q_i \right] \mathrm{d}t \end{aligned}$$

在分步积分时，应用下式消去 $\delta \dot{q}_i$：

$$\frac{\partial L}{\partial \dot{q}_i}\delta \dot{q}_i = \frac{\mathrm{d}}{\mathrm{d}t}\left(\frac{\partial L}{\partial \dot{q}_i}\delta q_i\right) - \frac{\mathrm{d}}{\mathrm{d}t}\left(\frac{\partial L}{\partial \dot{q}_i}\right)\delta q_i$$

于是可得

$$\delta I = \sum_i \left[\frac{\partial L}{\partial \dot{q}_i}\delta q_i\right]_{t_1}^{t_2} - \int_{t_1}^{t_2} \sum_i \left[\frac{\mathrm{d}}{\mathrm{d}t}\left(\frac{\partial L}{\partial \dot{q}_i}\right) - \frac{\partial L}{\partial q_i} - Q_i\right]\delta q_i \mathrm{d}t = 0 \tag{1.45}$$

上式中的第一项为零,因为 $\delta q_i(t_1) = \delta q_i(t_2) = 0$;第二项中的虚位移是任意不为零(q_i彼此互相独立),因此必有

$$\frac{\mathrm{d}}{\mathrm{d}t}\left(\frac{\partial L}{\partial \dot{q}_i}\right) - \frac{\partial L}{\partial q_i} = Q_i \quad i = 1,\cdots,n \tag{1.46}$$

这就是拉格朗日方程组,方程的数量等于独立的坐标个数 n 。广义力包括了所有非保守力,由虚功原理式(1.43)获得。用广义坐标表示的拉格朗日函数的解析式一经给出,应用方程式(1.46)就可以直接写出系统的运动微分方程。

1.7.1　线性、非陀螺、离散系统的振动

线性、非陀螺、离散机械系统的动余能的一般形式为

$$T^* = \frac{1}{2}\dot{x}^{\mathrm{T}}\boldsymbol{M}\dot{x} \tag{1.47}$$

式中,x 是一组广义位移;$\boldsymbol{M}$ 是质量矩阵,对称且半正定,这一特性表明任何一组速度分布都使系统具有非负的动余能。如果每个广义位移都对应一个质量,则 $\boldsymbol{M}$ 矩阵是严格正定的,即不可能存在一组能使 $T^* = 0$ 的速度分布。与此类似,应变能的一般形式为

$$V = \frac{1}{2}x^{\mathrm{T}}\boldsymbol{K}x \tag{1.48}$$

式中,$\boldsymbol{K}$ 是刚度矩阵,也是对称、半正定的。刚体模态对应一组系统没有变形能的广义位移。如果系统不存在刚体模态,则 $\boldsymbol{K}$ 是严格正定的。

系统的拉格朗日函数为

$$L = T^* - V = \frac{1}{2}\dot{x}^{\mathrm{T}}\boldsymbol{M}\dot{x} - \frac{1}{2}x^{\mathrm{T}}\boldsymbol{K}x \tag{1.49}$$

此外,若设非保守力的虚功 $\delta W_{nc} = f^{\mathrm{T}}\delta x$,则应用拉格朗日方程式(1.46),就得到了系统的运动方程:

$$\boldsymbol{M}\ddot{x} + \boldsymbol{K}x = f \tag{1.50}$$

1.7.2　耗散函数

在文献中,人们习惯于通过定义耗散函数的方式在系统动力学方程中引入耗散力,即

$$Q_i = -\frac{\partial D}{\partial \dot{q}_i} \tag{1.51}$$

如果采用这个定义,则方程式(1.46)成为

$$\frac{\mathrm{d}}{\mathrm{d}t}\left(\frac{\partial L}{\partial \dot{q}_i}\right)+\frac{\partial D}{\partial \dot{q}_i}-\frac{\partial L}{\partial q_i}=Q_i \tag{1.52}$$

式中,Q_i 为除去与耗散函数相关的耗散力以外的所有非保守力。粘滞阻尼可以用一个二次型的耗散函数来表示。对上一节所述的问题,若设

$$D=\frac{1}{2}\dot{x}^{\mathrm{T}}\boldsymbol{C}\dot{x} \tag{1.53}$$

则可以得到如下运动方程:

$$\boldsymbol{M}\ddot{x}+\boldsymbol{C}\dot{x}+\boldsymbol{K}x=f \tag{1.54}$$

式中,$\boldsymbol{C}$ 是粘滞阻尼矩阵,也是对称、半正定的。为了展示拉格朗日方程的应用,下面分析几个实例。

1.7.3 例 1:具有滑动质量的单摆

考虑图 1-8(a)所示的单摆,处于常重力场中的质点 m 在一个无质量的杆上滑动,一个刚度为 k 的线性弹簧连接该质点和支点 O 。这个系统有两个自由度。我们取 q_1(质点沿杆轴线的位置)和 q_2(单摆的摆角)作为广义坐标。设 $q_1=0$ 对应弹簧内力为零时质点的位置。

动余能与质点的运动相关。质点的运动速度可以用两个正交的速度分量来描述,如图 1-8(b)所示。因而

$$T^{*}=\frac{1}{2}m(\dot{q}_1^2+\dot{q}_2^2q_1^2)$$

系统的势能为

$$V=-mgq_1\cos q_2+\frac{1}{2}kq_1^2$$

上式中的第一项来自于重力的贡献(参考点取为支点 O),第二项来自于弹簧中的变形能(假设 $q_1=0$ 时弹簧无伸长)。拉格朗日方程为

$$\frac{\mathrm{d}}{\mathrm{d}t}(mq_1^2\dot{q}_2)+mgq_1\sin q_2=0$$

$$m\ddot{q}_1-mq_1\dot{q}_2^2-mg\cos q_2+kq_1=0$$

如果质量 m 不是一个质点,而是一个惯性矩为 I 的盘在无质量的杆上滑动[见图 1-8(c)],则动余能的表达式中还会新增一个代表轮盘转动的项(刚体的动余能是集中了刚体质量的质心的平动动余能与刚体绕质心转动的动余能之和):

$$T^{*}=\frac{1}{2}m(\dot{q}_1^2+\dot{q}_2^2q_1^2)+\frac{1}{2}I\dot{q}_2^2$$

轮盘的势能与质点的势能相等。更进一步,如果杆是质量为 M 、长为 l 的匀质杆,则它关于支点 O 的转动惯性矩为

$$I_0=\int_0^l\rho x^2\mathrm{d}x=\rho l^3/3=Ml^2/3$$

式中，$M=\rho l$；动余能表达式中新增的项为 $I_0\dot{q}_2^2/2$。注意，这一项既包括了平动也包括了转动的能量，因为惯性矩 I_0 是相对于一个固定的支点获得的。该杆件还对系统的势能有新增贡献，即 $-mgl\cos q_2/2$（质心位于 1/2 杆长处）。

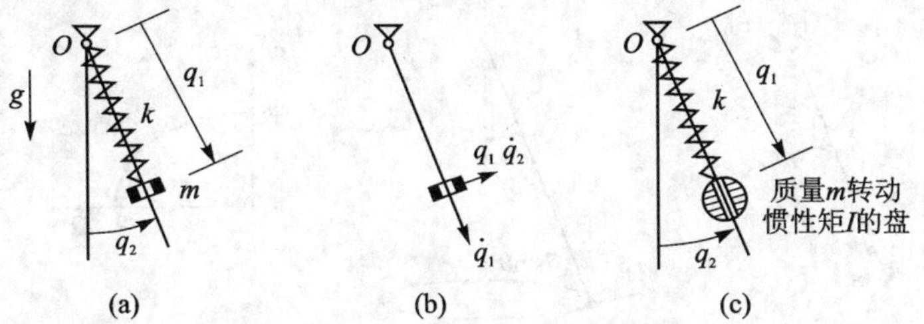

图 1-8　具有弹簧-滑动质量的单摆

1.7.4　例 2:旋转摆

考虑图 1-9(a)所示的旋转摆：质点 m 通过一个无质量的杆与一个支点相连，该支点绕一个铅直的轴以匀速 Ω 转动；系统处于铅直向下的重力场 g 中。由于 Ω 为常数，所以系统只有一个自由度，用 θ 表示。为了方便写出系统的动余能，把质点的速度沿图 1-9(b)所示的正交系投影。该正交系的一个轴沿质点（以固定角度 θ 绕铅直轴旋转时）的圆形轨迹的切线方向；另一个轴沿质点（沿旋转摆不绕铅直轴转动时）在摆平面内运动轨迹的切线方向；两个投影分量分别为 $l\Omega\sin\theta$ 和 $l\dot{\theta}$。由于它们是正交的，所以

$$T^*=\frac{m}{2}[(l\dot{\theta})^2+(l\Omega\sin\theta)^2]$$

注意，式中的第一项是 $\dot{\theta}$ 的二次项[对应于式(1.39)中的 T_2^*]，而第二项则与 $\dot{\theta}$ 无关，作为离心力的势函数出现[对应式(1.39)中的 T_0^*]。取支点处作为重力势能的参考点，则系统的重力势能为 $V=-gml\cos\theta$，以及

$$L=T^*-V=\frac{m}{2}[(l\dot{\theta})^2+(l\Omega\sin\theta)^2]+gml\cos\theta$$

对应的拉格朗日方程为

$$ml^2\ddot{\theta}-ml^2\Omega^2\sin\theta\cos\theta+mgl\sin\theta=0$$

对于在 $\theta=0$ 邻域的小幅振动，可以近似地取 $\sin\theta\approx\theta$ 以及 $\cos\theta\approx 1$；于是上面的方程可以简化为

$$\ddot{\theta}+\frac{g}{l}\theta-\Omega^2\theta=0$$

设 $\omega_0^2=g/l$ 为单摆的固有频率，上式成为

$$\ddot{\theta}+(\omega_0^2-\Omega^2)\theta=0$$

可以看到离心力引入了一个负刚度。图 1-9(c)给出了系统小幅振动频率随 Ω 的变化规律。当转速超过 $\Omega=\omega_0$ 时,系统失稳。

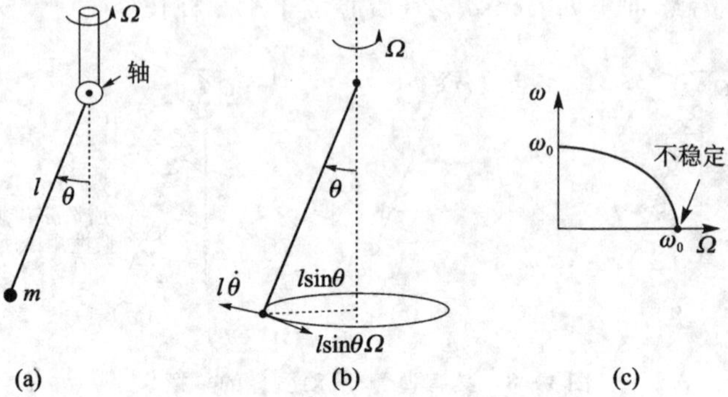

图 1-9　旋转摆

1.7.5　例 3:旋转的弹簧质量系统

一个弹簧质量系统以角速度 Ω 在水平面上转动,如图 1-10(a)所示。这个系统只有一个自由度,取为坐标 u,表示弹簧的伸长。为分析方便,把质点 m 的绝对速度投影到动坐标系 (x,y);投影分量为 $(\dot{u},u\Omega)$。因而

$$T^*=\frac{1}{2}m[\dot{u}^2+(u\Omega)^2]$$

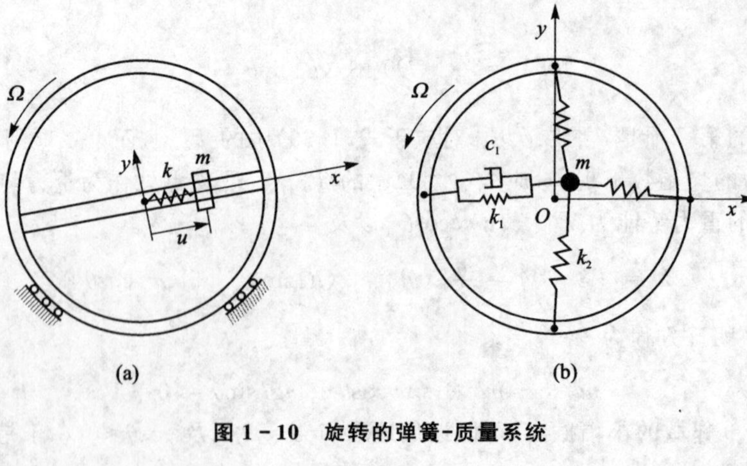

图 1-10　旋转的弹簧-质量系统

这里也有一个与广义速度二次项相关的 T_2^* 和一个与广义速度无关的 T_0^*(离心力的势函数)。在动余能的表达式中不必考虑转动机构的贡献,其转速为常数,因而其影响不会出现在拉格朗日方程中。由于系统不受重力,所以势能仅与弹簧的变形相关。设 $u=0$ 时的弹簧内力为零,则

$$V=\frac{1}{2}ku^2$$

拉格朗日函数为

$$L = T^* - V = \frac{1}{2}m\dot{u}^2 - \frac{1}{2}(k - m\Omega^2)u^2$$

由此得拉格朗日方程为

$$m\ddot{u} + (k - m\Omega^2)u = 0$$

或

$$\ddot{u} + (\omega_n^2 - \Omega^2)u = 0$$

式中，$\omega_n^2 = k/m$。这个方程与前一个例题的线性化方程形式相同；当 $\Omega > \omega_n$ 时，系统失稳。

1.7.6　例 4：陀螺效应

下面考虑图 1-10(b)所示的系统：图 1-10(a)中沿 $y = 0$ 的约束被一个弹簧取代，这个弹簧与原弹簧正交。这个系统具有两个自由度，可以用广义坐标 x 和 y 完全描述，分别表示质点沿以角速度 Ω 转动的两个正交轴的位移。设系统的位移为小位移，而且在图 1-10(b)中刚度 k_1、k_2 分别代表 x 轴和 y 轴方向的总刚度。沿 x 轴方向的粘滞阻尼系数为 c_1。在旋转坐标系下的绝对速度为 $(\dot{x} - \Omega y, \dot{y} + \Omega x)$，因而质点的动余能为

$$T^* = \frac{1}{2}m[(\dot{x} - \Omega y)^2 + (\dot{y} + \Omega x)^2]$$

与前面的例题类似，我们不必考虑与转动支撑机构的常转速相关的常数项。展开 T^*，可以得到

$$T^* = T_2^* + T_1^* + T_0^*$$

式中，

$$T_2^* = \frac{1}{2}m(\dot{x}^2 + \dot{y}^2)$$

$$T_1^* = \frac{1}{2}m\Omega(x\dot{y} - \dot{x}y)$$

$$T_0^* = \frac{1}{2}m\Omega^2(x^2 + y^2)$$

注意，广义速度的一次函数 T_1^* 在本书中首次出现在系统动余能表达式中，它表征的是陀螺力的作用[图 1-10(b)所示是可以展示陀螺力的最简单的系统]。势能 V 与弹簧的拉伸状态相关，在小变形假设下

$$V = \frac{1}{2}k_1x^2 + k_2y^2$$

阻尼力既可以用虚功原理获得：$\delta W_{nc} = -c_1\dot{x}\delta x$，也可以用耗散函数式(1.53)获得。采用耗散函数时，

$$D = \frac{1}{2}c_1\dot{x}^2$$

于是,可得拉格朗日方程:

$$m\ddot{x} - 2m\Omega\dot{y} + c_1\dot{x} + k_1 x - m\Omega^2 x = 0$$

$$m\ddot{y} + 2m\Omega\dot{x} + k_2 x - m\Omega^2 y = 0$$

或者,引入 $q = (x, y)^{\mathrm{T}}$,上式可用矩阵形式表示为

$$\boldsymbol{M}\ddot{q} + (\boldsymbol{C} + \boldsymbol{G})\dot{q} + (\boldsymbol{K} - \Omega^2\boldsymbol{M})q = 0 \tag{1.55}$$

式中,

$$\boldsymbol{M} = \begin{bmatrix} m & 0 \\ 0 & m \end{bmatrix} \quad \boldsymbol{C} = \begin{bmatrix} c_1 & 0 \\ 0 & 0 \end{bmatrix} \quad \boldsymbol{K} = \begin{bmatrix} k_1 & 0 \\ 0 & k_2 \end{bmatrix}$$

分别为质量、阻尼和刚度矩阵,以及

$$\boldsymbol{G} = \begin{bmatrix} 0 & -2m\Omega \\ 2m\Omega & 0 \end{bmatrix} \tag{1.56}$$

是陀螺力的反对称矩阵,陀螺力耦合了两个方向的运动,其值与质量和转速成正比。$-2m\Omega$ 是向心力。值得一提的是,采用上面的矩阵定义 $\boldsymbol{M}$、$\boldsymbol{G}$、$\boldsymbol{K}$ 和 $\boldsymbol{C}$ 后,拉格朗日函数中的各能量项可以表示为

$$T_2^* = \frac{1}{2}\dot{q}^{\mathrm{T}}\boldsymbol{M}\dot{q}$$

$$T_1^* = \frac{1}{2}\dot{q}^{\mathrm{T}}\boldsymbol{G}\dot{q}$$

$$T_0^* = \frac{\Omega^2}{2}q^{\mathrm{T}}\boldsymbol{M}q$$

$$V = \frac{1}{2}q^{\mathrm{T}}\boldsymbol{K}q$$

$$D = \frac{1}{2}\dot{q}^{\mathrm{T}}\boldsymbol{C}\dot{q} \tag{1.57}$$

注意此时,势能被离心力所改变,为

$$V^+ = V - T_0^* = \frac{1}{2}q^{\mathrm{T}}(\boldsymbol{K} - \Omega^2\boldsymbol{M})q \tag{1.58}$$

如果 $\Omega^2 > \min(k_1/m, k_2/m)$,则势能就不再是正定的。

让我们进一步考虑当 $k_1 = k_2 = k$ 以及 $c_1 = 0$ 时的情况。如果 $\omega_n^2 = k/m$,则运动方程为

$$\ddot{x} - 2\Omega\dot{y} + (\omega_n^2 - \Omega^2)x = 0$$

$$\ddot{y} + 2\Omega\dot{x} + (\omega_n^2 - \Omega^2)y = 0$$

为了分析系统的稳定性,设解的形式为:$x = Xe^{pt}$,$y = Ye^{pt}$;对应的特征值问题为

$$\begin{bmatrix} p^2 + \omega_n^2 - \Omega^2 & -2\Omega p \\ 2\Omega p & p^2 + \omega_n^2 - \Omega^2 \end{bmatrix} \begin{Bmatrix} X \\ Y \end{Bmatrix} = \begin{Bmatrix} 0 \\ 0 \end{Bmatrix}$$

该齐次方程有非零解的条件是其系数行列式为零,根据这个条件给出如下的特征方程:

$$p^4 + 2p^2(\omega_n^2 + \Omega^2) + (\omega_n^2 - \Omega^2)^2 = 0$$

该方程的根为

$$p_1^2 = -(\omega_n - \Omega)^2 \quad , \quad p_2^2 = -(\omega_n + \Omega)^2$$

因此，无论 Ω 取何值，特征值都是虚数。图 1－11 所示为固有频率随 Ω 的变化（这个曲线通常被称为坎贝尔图）。我们注意到，与前面的例子相反，在 $\Omega = \omega_n$ 时，这个系统并没有失稳。陀螺力使系统变得稳定。

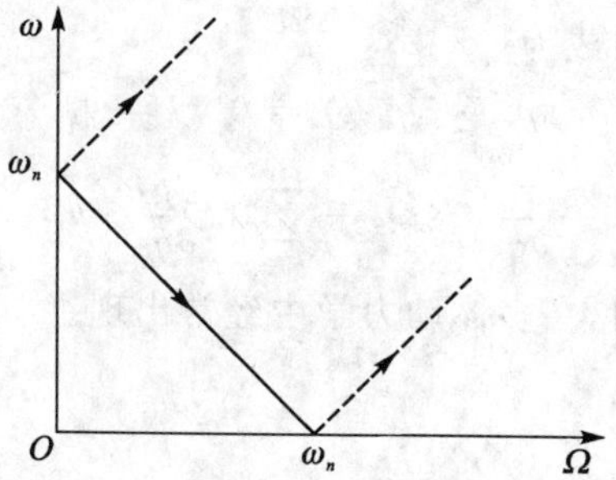

图1－11　图 1－10(b)所示的系统的坎贝尔图($k_1 = k_2 = k$ 以及 $c_1 = 0$)

1.8　有约束的拉格朗日方程

在 n 个广义坐标不独立的情况下，描述系统位形的虚位移必须满足如式(1.18)形式的约束方程组：

$$\sum_k a_{lk}\delta q_k = 0 \quad l = 1,\cdots,m \tag{1.59}$$

系统的自由度是 $n - m$。在哈密顿原理式(1.45)中，变分 δq_i 不再是任意的，由于方程式(1.59)的约束，不能从方程式(1.45)导出方程式(1.46)。这一问题可以借助拉格朗日乘子来解决。这一方法是在变分算子中加入约束方程的线性组合：

$$\sum_{l=1}^{m}\lambda_l\Big(\sum_{k=1}^{n}a_{lk}\delta q_k\Big) = \sum_{k=1}^{n}\delta q_k\Big(\sum_{l=1}^{m}\lambda_l a_{lk}\Big) = 0 \tag{1.60}$$

式中的拉格朗日乘子 λ_l 在这一步是未知的。方程式(1.60)对任意一组 λ_l 都成立。把上式加入到方程式(1.45)中，得到

$$\int_{t_1}^{t_2}\sum_{k=1}^{n}\left[\frac{\mathrm{d}}{\mathrm{d}t}\left(\frac{\partial L}{\partial \dot{q}_k}\right) - \frac{\partial L}{\partial q_k} - Q_k - \sum_{l=1}^{m}\lambda_l a_{lk}\right]\delta q_k\,\mathrm{d}t = 0$$

式中，$n - m$ 个变分 δq_k 可以是任意的（独立变量），对应的方括号中的表达式为零；和式中还有 m 项，它们的变分 δq_k 不独立。但是我们可以自由地选取 m 个拉格朗日乘子 λ_l，使方括号中的项也为零。因而得到

$$\frac{\mathrm{d}}{\mathrm{d}t}\left(\frac{\partial L}{\partial \dot{q}_k}\right) - \frac{\partial L}{\partial q_k} = Q_k + \sum_{l=1}^{m}\lambda_l a_{lk} \quad k = 1,\cdots,n$$

等号右端第二项代表广义约束力，它们是拉格朗日乘子的线性函数。这 n 个方程中

包含有 $n+m$ 个未知量(广义坐标 q_k 和拉格朗日乘子 λ_l),将其与 m 个约束方程联立,就有了 $n+m$ 个方程。对于如式(1.15)的非完整约束,这个方程组是

$$\sum_k a_{lk}\mathrm{d}q_k + a_{l0}\mathrm{d}t = 0 \quad l=1,\cdots,m \tag{1.61}$$

$$\frac{\mathrm{d}}{\mathrm{d}t}\left(\frac{\partial L}{\partial \dot{q}_k}\right)-\frac{\partial L}{\partial q_k} = Q_k + \sum_{l=1}^{m}\lambda_l a_{lk} \quad k=1,\cdots,n \tag{1.62}$$

其中的未知量是 $q_k, k=1,\cdots,n$ 以及 $\lambda_l, l=1,\cdots,m$ 。如果系统具有形如式(1.13)的完整约束,则这个方程组成为

$$g_l(q_1,q_2,\cdots,q_n;t) = 0 \quad l=1,\cdots,m \tag{1.63}$$

$$\frac{\mathrm{d}}{\mathrm{d}t}\left(\frac{\partial L}{\partial \dot{q}_k}\right)-\frac{\partial L}{\partial q_h} = Q_k + \sum_{l=1}^{m}\lambda_l \frac{\partial g_l}{\partial q_k} \quad k=1,\cdots,n \tag{1.64}$$

这是一个代数-微分方程组,在多体动力学中经常出现。

1.9 守恒定律

1.9.1 雅可比积分

如果广义坐标是独立的,那么拉格朗日方程组就是由 n 个二阶常微分方程构成的方程组;它的求解需要 $2n$ 个描述位形和速度的初始条件($t=0$ 时)。特殊情况下,方程组可能以运动的一次积分形式出现,其中的一阶变分的微分低于微分方程的阶次。最著名的一次积分形式就是能量守恒式(1.23)。它实际上是一个被称为雅可比积分的更一般的关系式的特殊形式。

如果系统是保守系统且拉格朗日函数不显示依赖时间:

$$\frac{\partial L}{\partial t} = 0 \tag{1.65}$$

则 L 对时间的全微分具有如下形式:

$$\frac{\mathrm{d}L}{\mathrm{d}t} = \sum_{k=1}^{n}\frac{\partial L}{\partial q_k}\dot{q}_k + \sum_{k=1}^{n}\frac{\partial L}{\partial \dot{q}_k}\ddot{q}_k$$

另一方面,由拉格朗日方程有($Q_k=0$ 时)

$$\frac{\partial L}{\partial q_k} = \frac{\mathrm{d}}{\mathrm{d}t}\left(\frac{\partial L}{\partial \dot{q}_k}\right)$$

将其带入前面的方程,可得

$$\frac{\mathrm{d}L}{\mathrm{d}t} = \sum_{k=1}^{n}\left[\frac{\mathrm{d}}{\mathrm{d}t}\left(\frac{\partial L}{\partial \dot{q}_k}\right)\dot{q}_k + \frac{\partial L}{\partial \dot{q}_k}\ddot{q}_k\right] = \sum_{k=1}^{n}\frac{\mathrm{d}}{\mathrm{d}t}\left[\left(\frac{\partial L}{\partial \dot{q}_k}\right)\dot{q}_k\right]$$

即

$$\frac{\mathrm{d}}{\mathrm{d}t}\left[\sum_{k=1}^{n}\left(\frac{\partial L}{\partial \dot{q}_k}\right)\dot{q}_k - L\right] = 0 \tag{1.66}$$

或

$$\sum_{k=1}^{n}\left(\frac{\partial L}{\partial \dot{q}_k}\right)\dot{q}_k - L = h = C^t \tag{1.67}$$

已知拉格朗日函数：

$$L = T^* - V = T_2^* + T_1^* + T_0^* - V \tag{1.68}$$

式中，T_2^* 是 $\dot{q}_k$ 的二次形函数；T_1^* 是 $\dot{q}_k$ 的齐次线性函数；T_0^* 和 V 与 $\dot{q}_k$ 无关。

根据欧拉关于齐次函数的理论，如果 T_n^* 是某一变量 q_i 的 n 阶齐次函数，则它满足如下表达式：

$$\sum q_i \frac{\partial T_n^*}{\partial q_i} = nT_n^* \tag{1.69}$$

从该理论可有

$$\sum\left(\frac{\partial L}{\partial \dot{q}_k}\right)\dot{q}_k = 2T_2^* + T_1^*$$

因而式(1.67)又可以写为

$$h = T_2^* - T_0^* + V = C^t \tag{1.70}$$

这一结果被称为雅可比积分或潘勒维积分。若动余能是速度的二次形函数，即 $T^* = T_2^*$ 以及 $T_0^* = 0$，则式(1.70)成为

$$T^* + V = C^t \tag{1.71}$$

这就是能量守恒积分的结果。从上面的讨论可以得到如下结论：能量守恒系统的拉格朗日函数，不显示依赖于时间[式(1.65)]，而且其动余能是广义速度的齐次二次函数($T^* = T_2^*$)。在本章第 5 节已经给出了这一表达式(1.23)，现在再引入上面的条件是很有意义的。实际上，式(1.65)意味着势能不显示依赖 t，$T^* = T_2^*$ 意味着运动约束不显示依赖 t [见式(1.38)和式(1.39)]。

1.9.2　隐性坐标

如果一个广义坐标(比如 q_s)在守恒系统的拉格朗日函数中不显示出现(拉格朗日函数包含 $\dot{q}_s$ 但不包含 q_s，所以 $\partial L/\partial q_s = 0$)，则可以得到另外一个一次积分结果。这个坐标被称为隐性坐标。根据拉格朗日方程式(1.46)：

$$\frac{\mathrm{d}}{\mathrm{d}t}\left(\frac{\partial L}{\partial \dot{q}_s}\right) = \frac{\partial L}{\partial q_s} = 0$$

可得

$$p_s = \frac{\partial L}{\partial \dot{q}_s} = C^t$$

而势能 V 不显示依赖于速度，所以上式又可以写为

$$p_s = \frac{\partial L}{\partial \dot{q}_s} = \frac{\partial T^*}{\partial \dot{q}_s} = C^t \tag{1.72}$$

称 p_s 为相对 q_s 的广义共轭动量[类比式(1.10)]。因此对应隐性坐标的广义动量

守恒。

值得注意的是，一次积分的表达式(1.72)与广义坐标的选取关系密切。如果选用的坐标无隐性坐标，则式(1.72)不存在。隐性坐标也称为循环坐标，因为它们经常出现在旋转坐标系中。

1.9.3 实例:球摆

为了更好地说明前面章节的理论，下面考虑图1-12所示的球摆。球摆的位形可用两个广义坐标 θ 和 ϕ 完全确定。

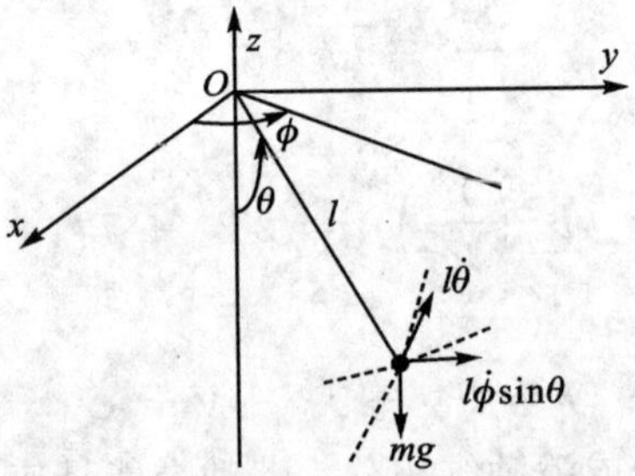

图1-12 球摆

球摆的动余能和势能分别为

$$T^* = \frac{1}{2}m[(l\dot{\theta})^2 + (\dot{\phi}l\sin\theta)^2]$$

$$V = -mgl\cos\theta$$

系统的拉格朗日函数为

$$L = T^* - V = \frac{1}{2}ml^2[\dot{\theta}^2 + (\dot{\phi}\sin\theta)^2] + mgl\cos\theta$$

其既不显示依赖 t，也不显示依赖 ϕ，因此这个系统满足上面讨论的两个一次积分式。首先，动能是 $\dot{\theta}$ 和 $\dot{\phi}$ 的齐次二次函数，这使式(1.71)成立。

对于隐性坐标 ϕ，对应的广义动量为

$$p_\phi = \partial T^* / \partial \dot{\phi} = ml^2\dot{\phi}\sin^2\theta = C^t$$

这个方程表述的意义是系统对铅直轴 Oz 的角动量守恒(事实上，由摆绳中的拉力和重力形成的外力对 Oz 的力矩为零)。

1.10 连续系统

本节将讨论一些有关连续系统的内容。其中，关于格林张量以及几何刚度的部分较为专业，读者可以跳过而不会影响对后续章节的理解。

1.10.1　瑞利-里兹法

瑞利-里兹法又称为假设模态法，是一个可以将偏微分方程转换为常微分方程组求解的近似方法；换言之，这是一个用离散的近似模型来代表连续系统的方法，该模型与连续系统在低频范围内具有相似的动力学行为。为此，假设位移场（为简单起见，考虑一维问题，但是结论可以应用于三维问题）为

$$v(x,t)=\sum_{i=1}^{n}\Psi_i(x)q_i(t) \tag{1.73}$$

式中，$\Psi_i(x)$ 是一组假设的模态函数，连续且满足几何边界条件（但是不一定满足力边界条件）；n 个时间函数 $q_i(t)$ 是近似离散系统的广义坐标。若这一组假设模态函数是完整的（如傅里叶级数或幂级数），则随着模态个数 n 的增加，近似解将收敛于精确解。

为了说明这一方法，让我们重新讨论欧拉-伯努利梁的横向振动问题。用式(1.73)近似表示梁的横向位移，则应变能的表达式(1.30)成为

$$V=\frac{1}{2}\int_0^L EI[\sum_i q_i\Psi_i''(x)][\sum_j q_j\Psi_j''(x)]\mathrm{d}x$$

或

$$V=\frac{1}{2}q^{\mathrm{T}}\boldsymbol{K}q \tag{1.74}$$

式中，$\boldsymbol{K}$ 是刚度矩阵，定义为

$$\boldsymbol{K}_{ij}=\frac{1}{2}\int_0^L EI\Psi_i''(x)\Psi_j''(x)\mathrm{d}x \tag{1.75}$$

同样，动余能可以近似地表示为

$$T^*=\frac{1}{2}\int_0^L \rho A[\sum_i \dot{q}_i\Psi_i(x)][\sum_j \dot{q}_i\Psi_i(x)]\mathrm{d}x$$

或

$$T^*=\frac{1}{2}\dot{q}^{\mathrm{T}}\boldsymbol{M}\dot{q} \tag{1.76}$$

式中，质量矩阵系数的定义是

$$\boldsymbol{M}_{ij}=\frac{1}{2}\int_0^L \rho A\Psi_i(x)\Psi_j(x)\mathrm{d}x \tag{1.77}$$

熟悉有限元方法的读者，会看出刚度矩阵和质量矩阵的形式与有限元法中对应的矩阵形式相同，只是这里的“形函数” $\Psi_i(x)$ 是定义在整个结构之上，而且满足几何边界条件。$\boldsymbol{K}$ 和 $\boldsymbol{M}$ 均为对称矩阵，因此 V 和 T^* 满足 1.7.1 节中讨论时所用到的所有条件，可以用同样的方法推导出方程式(1.50)。还须注意，若所选择的函数 $\Psi_i(x)$ 是系统的振动模态 $\phi_i(x)$，则由式(1.75)和式(1.77)定义的 $\boldsymbol{K}$ 和 $\boldsymbol{M}$ 都是对角矩阵，这是由于振型具有正交性，这时可以得到一组解耦的方程组。

1.10.2 一般连续系统

在第 4 章压电结构的分析中，我们要用到应变张量符号 $\boldsymbol{S}_{ij}$ 和应力张量符号 $\boldsymbol{T}_{ij}$ ，这些符号是压电结构分析中的标准符号。应用这些符号，线弹性材料的本构方程的表达式是

$$\boldsymbol{T}_{ij} = \boldsymbol{c}_{ijkl}\boldsymbol{S}_{kl} \tag{1.78}$$

式中，$\boldsymbol{c}_{ijkl}$ 是弹性常数张量。应变能密度的表达式是

$$U(\boldsymbol{S}_{ij}) = \int_0^{S_{ij}} \boldsymbol{T}_{ij}\,\mathrm{d}\boldsymbol{S}_{ij} \tag{1.79}$$

应用此式，本构方程还可以写为

$$\boldsymbol{T}_{ij} = \frac{\partial U}{\partial \boldsymbol{S}_{ij}} \tag{1.80}$$

对于线弹性材料有

$$U(\boldsymbol{S}_{ij}) = \frac{1}{2}\boldsymbol{c}_{ijkl}\boldsymbol{S}_{ij}\boldsymbol{S}_{kl} \tag{1.81}$$

1.10.3 格林应变张量

机械工程中的许多问题(例如梁理论)采用"线弹性应变是一个小量"的假设来进行分析都可以满足要求。然而涉及大位移和预应力的问题就不能用这种方法处理了，而需要用到关于系统整体转动的应变不变量。换言之，对于刚体运动应该有 $\boldsymbol{S}_{ij} = 0$。这样一个表达式由格林应变张量给出。其定义为：考虑一个连续体，令 AB 为一个连接变形前两点的线段，$A'B'$ 为变形后的同一线段；这几个点的坐标为：A：x_i、B：$x_i + \mathrm{d}x_i$、A'：$x_i + u_i$、B'：$x_i + u_i + \mathrm{d}(x_i + u_i)$。设 $\mathrm{d}l_0$ 为 AB 的初始长度，$\mathrm{d}l$ 是 $A'B'$ 的长度，则容易建立如下关系：

$$\mathrm{d}l^2 - \mathrm{d}l_0^2 = (\frac{\partial u_i}{\partial x_j} + \frac{\partial u_j}{\partial x_i} + \frac{\partial u_m}{\partial x_i}\frac{\partial u_m}{\partial x_j})\mathrm{d}x_i\mathrm{d}x_j \tag{1.82}$$

格林应变张量被定义为

$$\boldsymbol{S}_{ij} = \frac{1}{2}(\frac{\partial u_i}{\partial x_j} + \frac{\partial u_j}{\partial x_i} + \frac{\partial u_m}{\partial x_i}\frac{\partial u_m}{\partial x_j}) \tag{1.83}$$

它是对称的，而且它的线性部分是线弹性的经典应变；多出的二次部分由大转动引起。与前面的式子比较，有

$$\mathrm{d}l^2 - \mathrm{d}l_0^2 = 2\boldsymbol{S}_{ij}\,\mathrm{d}x_i\mathrm{d}x_j \tag{1.84}$$

该式表明：如果 $\boldsymbol{S}_{ij} = 0$ ，既使对于较大的 u_i ，则线段的长度确实不变。格林应变张量是由大转动引起的，它可以按下式分为两部分

$$\boldsymbol{S}_{ij} = \boldsymbol{S}_{ij}^{(1)} + \boldsymbol{S}_{ij}^{(2)} \tag{1.85}$$

式中，$\boldsymbol{S}_{ij}^{(1)}$ 是线性位移；$\boldsymbol{S}_{ij}^{(2)}$ 是位移的二次项。

1.10.4　预应力产生的几何应变能

我们知道，绳索的横向刚度与其轴向张力相关。同样，承受轴向力时细长杆的横向刚度也会发生改变；轴向压力会减小杆的固有频率，而轴向拉力则增加杆的固有频率。当轴向压力超过某个阈值时，细长杆将屈曲。屈曲载荷就是使固有频率减小至零的载荷。对于承受使系统产生显著应变能载荷的结构而言，其几何刚度极为重要。

考虑一个处于与时间无关的预应力状态（$\boldsymbol{T}_{ij}^0, \boldsymbol{S}_{ij}^0$）的连续系统，设该系统由于运动产生的动应力、动应变为（$\boldsymbol{T}_{ij}^*, \boldsymbol{S}_{ij}^*$），则总系统的总应力和应变状态为（见图 1－13）：

$$\begin{aligned}\boldsymbol{S}_{ij} &= \boldsymbol{S}_{ij}^0 + \boldsymbol{S}_{ij}^* \\ \boldsymbol{T}_{ij} &= \boldsymbol{T}_{ij}^0 + \boldsymbol{T}_{ij}^*\end{aligned} \tag{1.86}$$

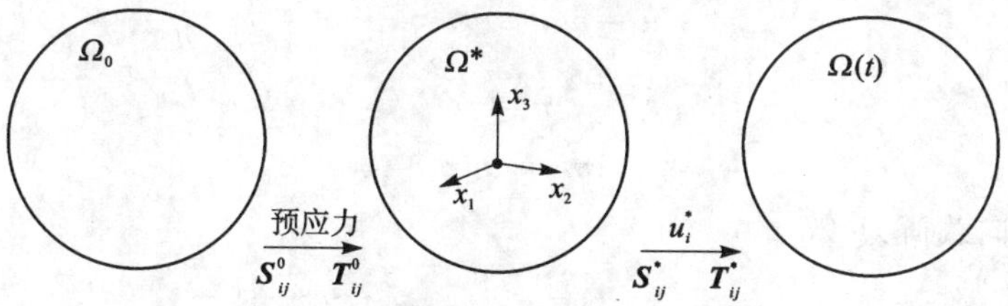

图 1－13　处于预应力状态的连续系统

用线性应变张量不可能考虑由预应力引起的应变能，而如果应用格林张量：

$$\boldsymbol{S}_{ij}^* = \boldsymbol{S}_{ij}^{*(1)} + \boldsymbol{S}_{ij}^{*(2)} \tag{1.87}$$

可以证明（Geradin & Rixen，1994），应变能可以写为

$$V = V^* + V_g \tag{1.88}$$

其中，

$$V^* = \frac{1}{2}\int_{\Omega^*} c_{ijkl}\boldsymbol{S}_{ij}^{*(1)}\boldsymbol{S}_{kl}^{*(1)}\,\mathrm{d}\Omega \tag{1.89}$$

V^* 是由非预应力引起的变形中的线性部分产生的应变能（如果没有预应力，则它就是应变能的唯一项），以及

$$V_g = \int_{\Omega^*} \boldsymbol{T}_{ij}^0\boldsymbol{S}_{ij}^{*(2)}\,\mathrm{d}\Omega \tag{1.90}$$

V_g 是预应力状态 $\boldsymbol{T}_{ij}^0$ 下的预应力和应变张量中的二次项所引起的几何应变能。与 V^* 总是正定不同，V_g 可能是正定，也可能是负定，取决于预应力的符号。如果 V_g 正定，则它使系统变刚；如果 V_g 负定，则它使系统的刚性降低；稍后将对此进一步说明。对于离散系统，V_g 的一般表达式为

$$V_g = \frac{1}{2}x^{\mathrm{T}}\boldsymbol{K}_g x \tag{1.91}$$

式中，$\boldsymbol{K}_g$ 是几何刚度矩阵，由于 V_g 可能为负，所以 $\boldsymbol{K}_g$ 不再是正定的了。对于旋转的直升机桨叶，几何刚度对整体刚度具有重要的贡献。在土木工程结构中，人们把由于

静载使结构固有频率降低的现象称为 **P - Delta** 效应。

1.10.5 具有轴向载荷的梁的横向振动

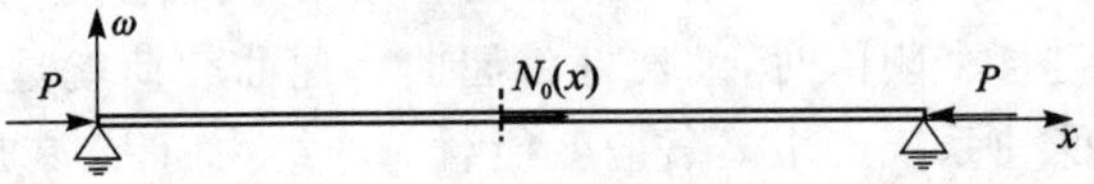

图 1-14 具有轴向预应力的欧拉-伯努利梁

再次考虑梁的平面内的振动，这次梁承受一个轴向载荷 $N_0(x)$（受拉为正）。位移场为

$$u = u_0(x) - z\frac{\partial w}{\partial x}$$

$$v = 0$$

$$w = w(x)$$

在 x 处的轴向载荷为

$$N_0(x) = AE\boldsymbol{S}_0(x) = AE^{①}\frac{\partial u_0}{\partial x} \tag{1.92}$$

此时的格林张量为

$$\boldsymbol{S}_{11} = \boldsymbol{S}_0 - z\frac{\partial^2 w}{\partial x^2} + \frac{1}{2}\left[\left(\frac{\partial u}{\partial x}\right)^2 + \left(\frac{\partial w}{\partial x}\right)^2\right] \tag{1.93}$$

设梁发生大转角，但变形很小，

$$\frac{\partial u}{\partial x} << \frac{\partial w}{\partial x}$$

即 $(\partial u/\partial x)^2$ 可以忽略。因而格林张量的线性部分是

$$\boldsymbol{S}_{ij}^{*(1)} = -zw'' \tag{1.94}$$

它的二次项是

$$\boldsymbol{S}_{ij}^{*(2)} = \frac{1}{2}(w')^2 \tag{1.95}$$

与其对应，线性部分产生的应变能同表达式为

$$V^* = \frac{1}{2}\int_0^L EI(w'')^2\mathrm{d}x \tag{1.96}$$

由预应力产生的几何应变能为

$$V_g = \int_V T_0\frac{1}{2}(w')^2\mathrm{d}V = \frac{1}{2}\int_0^L N_0(x)(w')^2\mathrm{d}x \tag{1.97}$$

式中，预加轴向力使梁受拉为正。

①其中，A 是梁的横截面积；E 是材料弹性模量。—— 译者注

1.10.6　实例:受压简支梁

考虑一个承受轴向压力为常数 P 的简支梁。可以应用瑞利-里兹法来估算系统的一阶固有频率,设一个近似模态:

$$w = q\sin\frac{\pi x}{L} \tag{1.98}$$

在这个假设下,拉格朗日函数的形式为

$$L = T^* - (V^* + V_g) = \frac{\rho AL}{4}\dot{q}^2 - \left[\frac{\pi^4 EI}{4L^3} - \frac{\pi^2 P}{4L}\right]q^2 \tag{1.99}$$

注意,由于轴向力为压力,所以这时 V_g 对势能的贡献为负。势能的表达式可以整理为

$$V^* + V_g = q^2\frac{\pi^4 EI}{4L^3}\left[1 - \frac{PL^2}{\pi^2 EI}\right] = q^2\frac{\pi^4 EI}{4L^3}\left[1 - \frac{P}{P_{cr}}\right] \tag{1.100}$$

式中,$P_{cr} = \pi^2 EI/L^2$ 就是著名的欧拉临界屈曲载荷。式(1.99)是单自由度振子的拉格朗日函数;所对应的固有频率为

$$\omega_1^2 = \frac{\pi^4 EI}{\rho AL^4}\left[1 - \frac{P}{P_{cr}}\right] \tag{1.101}$$

式中,第一项是不受预应力的简支梁固有频率的精确值;第二项是由轴向载荷产生的修正项。可以看出,轴向压力使 ω_1 减小,当 P 等于 P_{cr} 时 $\omega_1 = 0$;相反,轴向拉伸载荷使 ω_1 增大。上面用一个近似方法得到了一个简支梁的精确解,是因为假设的模态式(1.98)恰好是简支梁的精确模态。采用任何其他(满足几何边界条件)的假设将得到一个大于 ω_1 的值,因为瑞利-里兹法给出的近似值总是大于精确解。

1.11　参考文献

[1] CLOUGHR W, PENZIENJ. Dynamics of Structures [M]. New York: McGraw - Hill, 1975.

[2] CRAIGR R Jr. Structural Dynamics [M]. New York: Wiley, 1981.

[3] CRANDALLS H, KARNOPPD C, KURTZE FJr, et al. Dynamics of mechanical and Electromechanical Systems [M]. New York: McGraw - Hill, 1968.

[4] GERADINM, RIXEND. Mechanical Vibrations [M]. New York: Wiley, 1994.

[5] GOLDSTEINH. Classical Mechanics [M]. 2nd ed. New York: Wesley, 1980.

[6] MEIROVITCHL. Methods of Analytical Dynamics [M]. New York: McGraw - Hill, 1970.

[7] REDDYJ N. Energy and Variational Methods in Applied Mechanics [M]. New York: Wiley, 1984.

[8] WILLIAMSJ H Jr. Fundamentals of Applied Dynamics [M]. New York: Wiley, 1996.

第 2 章　电路的拉格朗日动力学

2.1　引　言

电路由被动元件(如电阻、电容和电感)和主动元件(电压源、电流源)组成,它们之间的关系满足基尔霍夫定律。

基尔霍夫电流定律(Kirchhoff's Current Law, KCL)讲述的是:电荷不可能在电路中的任何节点汇集——进入任何节点的电流的代数和为零。

基尔霍夫电压定律(Kirchhoff's Voltage Law, KVL)讲述的是:电路中任意两点的电压与连接此两点的电路路径无关——任何闭合电路的电压降的代数和必为零。

本章给出电路分析的变分方法,这是一个非直接的分析方法,可以作为以基尔霍夫定律为基础的直接方法的另一种表述。更重要的是,它可以与机械系统的变分法相结合,用来分析机电耦合系统的动力学问题。

下面的分析限于准静态电磁场理论框架,它假定电磁场随时间的变化非常缓慢,可以忽略电场和磁场之间的相互作用。这意味着,元件的尺寸 l 与电磁波长相比很小($l/\lambda << 1$)。

2.2　电路元件的本构方程

2.2.1　电　容

电容由用绝缘材料隔开的两块导电板构成,如图 2-1(a)所示。充电时,相当于使电荷 (q) 从一块极板上转移到另一块极板上。流过电容的电流等于电容中电荷的变化率:

$$i = \frac{\mathrm{d}q}{\mathrm{d}t} \tag{2.1}$$

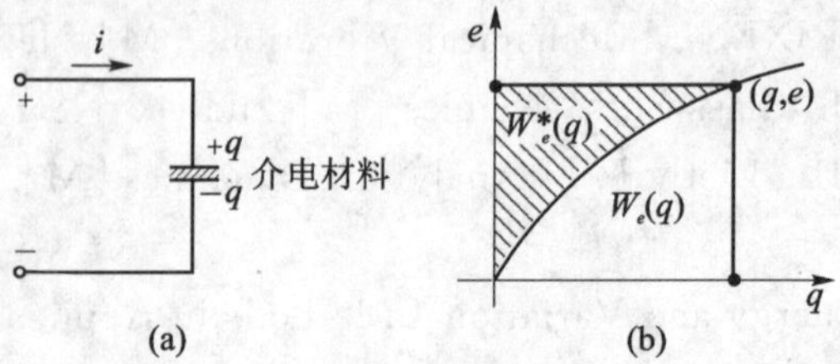

图 2-1　电容及其本构关系

在给电容充电的过程中，电容的两块板面就有了电势差 e。e 和 q 的关系可以通过静态测量得到，这就是电容的本构关系 $e(q)$，如图 2-1(b)所示。电容中储存的电能 $W_e(q)$ 就是外界给电容充电时（从 0 到 q）所做的功。由于输入功率是 $P=ei$［见图 2-1(a)］，则

$$W_e(q)=\int_0^t ei\,\mathrm{d}t=\int_0^q e\mathrm{d}q \tag{2.2}$$

这个积分的几何意义是图 2-1(b)中曲线下的面积。于是

$$e=\frac{\mathrm{d}W_e}{\mathrm{d}q} \tag{2.3}$$

一般的电容是近似线性的，它们的本构方程可以写为

$$q=Ce \tag{2.4}$$

把上式代入式(2.2)，得

$$W_e(q)=\frac{q^2}{2C} \tag{2.5}$$

与 1.2 节中对动能的分析方法类似，这里应用勒让德变换定义一个状态余函数：

$$W_e^*(e)=eq-W_e(q) \tag{2.6}$$

称 $W_e^*(e)$ 为电余能函数。显然它是图 2-1(b)曲线上方阴影部分的面积。对电余能函数取全微分，并利用关系式(2.3)，可得

$$\mathrm{d}W_e^*=q\mathrm{d}e+e\mathrm{d}q-\frac{\mathrm{d}W_e}{\mathrm{d}q}\mathrm{d}q=q\mathrm{d}e$$

因此，

$$q=\frac{\mathrm{d}W_e^*}{\mathrm{d}e} \tag{2.7}$$

$$W_e^*(e)=\int_0^e q\mathrm{d}e \tag{2.8}$$

对于具有本构方程式(2.4)的线性电容，有

$$W_e^*(e)=\frac{1}{2}Ce^2 \tag{2.9}$$

2.2.2 电　感

当电流流入一个电感时，在这个电感周围就会产生磁场，磁场的强度与电流成正比。相反，当一个电感处于一个磁场中时，当磁场发生变化时电感中就会产生电压。所有导体都具有这样的感应效应。但是如果导体是由缠绕密集的线圈构成时，这种效应就十分强烈。在空气中，线圈的磁效应是线性的（磁通量 λ 与电流 i 成正比）。但是为了加强磁通密度，人们经常在线圈中加入一个铁磁芯，这样可使磁通密度增加几个数量级。这样的线圈是非线性的，经常是滞后的。

法拉第定律告诉人们，电感产生的电压等于磁通量 λ 的变化率：

$$e=\frac{\mathrm{d}\lambda}{\mathrm{d}t} \tag{2.10}$$

磁通量的单位是韦伯或伏特·秒。在理想的电感中，磁通量仅与瞬时电流相关。一个常电流对应一个常磁通量 λ，此时 $e=0$。所以电流为常值时，理想的电感如同一个完美的导体(短路)。

如果电感是线性的，

$$\lambda = Li \tag{2.11}$$

L 称为电感系数，单位为亨利或韦伯/安培。

理想电感储存的磁能 $W_m(\lambda)$ 等于电感所处磁场从没有磁通量变化到磁通量为 λ 的过程中，外界对电感做的功。这个功可对电路提供的功率积分获得，并利用式(2.10)，有

$$W_m(\lambda) = \int_0^t ei\,\mathrm{d}t = \int_0^\lambda i\,\mathrm{d}\lambda \tag{2.12}$$

它的几何意义是图 2-2(b)中曲线下方的面积。因而

$$i = \frac{\mathrm{d}W_m(\lambda)}{\mathrm{d}\lambda} \tag{2.13}$$

若线圈是线性的[满足关系式(2.11)]，则

$$W_m(\lambda) = \frac{\lambda^2}{2L} \tag{2.14}$$

利用勒让德变换定义磁余能函数 W_m^*：

$$W_m^*(i) = \lambda i - W_m(\lambda) \tag{2.15}$$

取磁余能函数的全微分，并利用式(2.13)，可得

$$\mathrm{d}W_m^* = \lambda\mathrm{d}i + i\mathrm{d}\lambda - \frac{\mathrm{d}W_m}{\mathrm{d}\lambda}\mathrm{d}\lambda = \lambda\mathrm{d}i$$

于是

$$\lambda = \frac{\mathrm{d}W_m^*(i)}{\mathrm{d}i} \tag{2.16}$$

$$W_m^*(i) = \int_0^i \lambda\,\mathrm{d}i \tag{2.17}$$

它代表了图 2-2(b)中曲线上方的面积。对于线性电感式(2.11)，

$$W_m^*(i) = \frac{1}{2}Li^2 \tag{2.18}$$

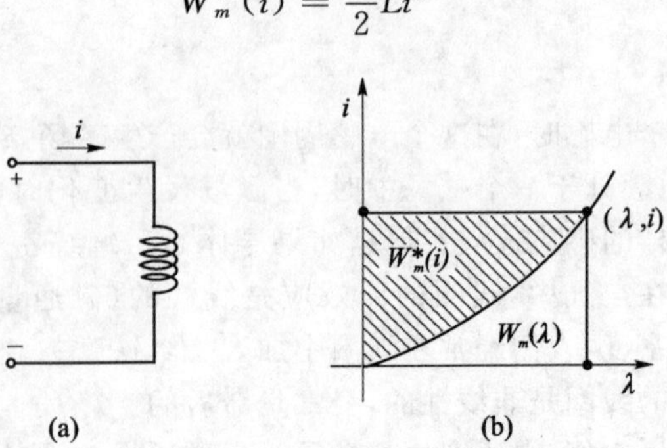

图 2-2　电感及其本构关系

2.2.3　电压源与电流源

理想的电压源产生一个与电流无关的电压历程；理想的电流源产生一个与两端点电压无关的电流历程。实际的电源如图 2－3(a)所示，在最大电压 E_0（开路时的电压）和最大电流 I_0（短路时的电流）之间存在线性关系：

$$e_s = E_0 - \frac{E_0}{I_0} i_s$$

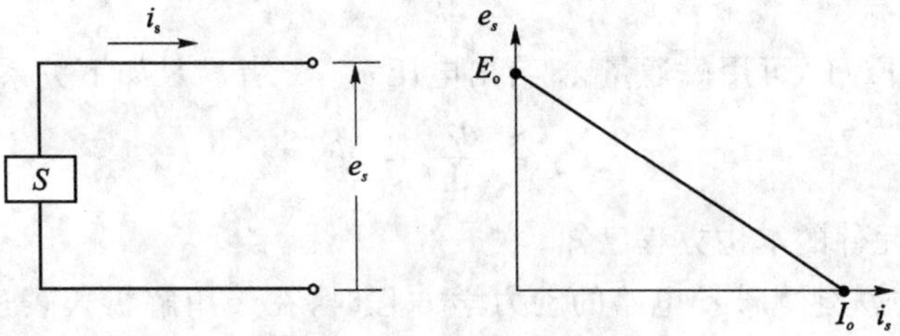

(a) 实际电流源与实际电压源的关系

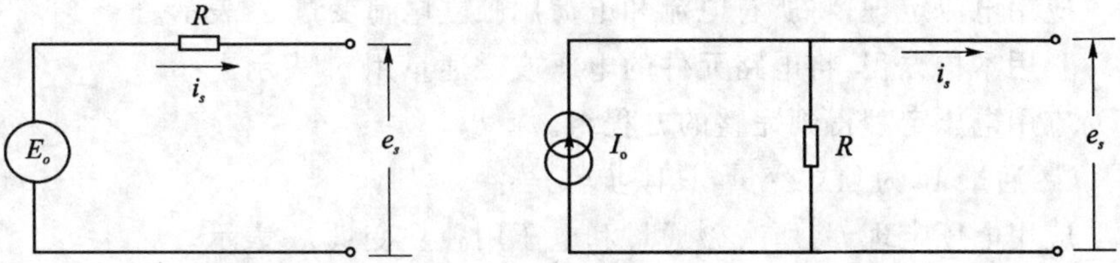

(b) 理想电压源模型　　(c) 理想电流源模型

图 2－3　实际的电源

实际的电源可以用理想的电源与电阻的组合来表示。图 2－3(b)所示为一个理想的电压源与一个电阻 R 串联，这个电源的特性为

$$e_s = E_0 - R i_s$$

此外，一个理想的电流源与一个电阻 R 并联[见图 2－3(c)]，构成的电源特性为

$$e_s = R I_0 - R i_s$$

现代电子技术的发展使电压放大器在一个给定的频率范围内，几乎可以认为是一个理想的电压源；电流放大器在一个给定的频率范围内几乎可以认为是一个理想的电流源。

2.3　基尔霍夫定律

电路网络由彼此连接的被动原件和电源组成。元件之间的连接对每个元件参数的变化产生约束；描述这些连接规律的就是基尔霍夫定律。

基尔霍夫电流定律的表述是,流经任何节点的电流之和必为零。这一表述说明电荷守恒,因而在电路中的任何节点不可能有电荷堆积。

基尔霍夫电压定律的表述是,闭合电路中每个元件的电压降之和必为零,因而任意一点的电压与连接该点的电路无关。

被动电路的分析基于如下条件成立:

1) 根据 KCL,可用电荷 q_k 给出电流 i_k ,二者满足如下关系:

$$\frac{\mathrm{d}q_k}{\mathrm{d}t} = i_k$$

2) 根据 KVL,可用磁通量 λ_k 给出电压 e_k ,二者满足如下关系:

$$\frac{\mathrm{d}\lambda_k}{\mathrm{d}t} = e_k$$

3) 每个元件的本构方程已知。

用直接方法建立被动电路的动力学方程时,在于用解析式表达上述条件。下面给出的两种流程均可实现此目的。

1) 以电荷 q_i 为独立变量,具体步骤是:

- 应用电流定理,将所有电流和电荷用独立电荷变量 q_i 表示。
- 利用本构方程,将电路元件的电压或磁通量用 q_i 表示。
- 应用电压定理得到完整的方程组。

2) 以磁通量 λ_k 为独立变量,具体步骤是:

- 应用电压定理,将所有磁通量和电压用独立变量 λ_k 表示。
- 利用本构方程,将电路元件的电流和电荷用 λ_k 表示。
- 应用电流定理得到完整的方程组。

我们不再进一步深入探讨直接方法,而将专注于非直接方法——基于哈密顿原理的变分法。

2.4 电路系统哈密顿原理

在电路系统的哈密顿原理中,变分算子的构建来自于电路元件的本构方程。首先将满足基尔霍夫定律之一的泛函定义为相容泛函,该泛函的变分的驻值同时也满足另一组基尔霍夫定律。对应独立变量的不同选取方式,电路系统的哈密顿原理有两种不同的表达形式。一种对应独立变量为电荷 q_i 且其满足基尔霍夫电流定理的情况;另一种对应独立变量为磁通量 λ_i 且其满足基尔霍夫电压定理的情况。

在前面的章节中,已经说明哈密顿原理作为物理学一个的基本原理,没有必要去推导,只需直接接受。因此,我们可以首先给出该原理在电路系统的表述,然后证明它等同于基尔霍夫定律。然而我们相信,进行一些推导有助于对哈密顿原理的理解,尽管这些推导也许不能涵盖最普遍的形式。愿意不经讨论、直接接受哈密顿原理的读者可以跳过下面两小节的展开讨论而直接关注最后的结果式(2.25)和式(2.32)。

2.4.1　哈密顿原理,电荷格式

在电荷格式的哈密顿原理中,广义变量(即广义坐标)是电荷和电流。相容变分 δq_i 必须满足基尔霍夫电流定律;电流和电荷变量必须满足关系式 $i_k = \dot{q}_k = \mathrm{d}q_k/\mathrm{d}t$ 。

类似于公式(1.22),我们可以写出如下的虚功表达式:

$$\sum_{i=1}^{M}(e_i - \frac{\mathrm{d}\lambda_i}{\mathrm{d}t})\delta q_i = 0 \tag{2.19}$$

式中,M 是电路元件的个数。求和式(2.19)中的第一项可以分为守恒与非守恒部分:

$$\sum_{i=1}^{M} e_i \delta q_i = -\delta W_e + \sum_{k=1}^{n_e} E_k \delta q_k \tag{2.20}$$

式中,W_e 是系统电能函数;E_k 代表对应非保守元件的广义电压,与独立的广义电荷坐标 q_k 能量对偶;n_e 是独立的广义电荷坐标的个数;δW_e 的负号是指保守电路元件的电压对电路做功时,元件中的电能下降。求和式(2.19)中的第二项可以重新写为

$$-\sum_{i=1}^{M}\frac{\mathrm{d}\lambda_i}{\mathrm{d}t}\delta q_i = -\sum_{i=1}^{M}\frac{\mathrm{d}}{\mathrm{d}t}(\lambda_i \delta q_i) + \sum_{i=1}^{M}\lambda_i \frac{\mathrm{d}(\delta q_i)}{\mathrm{d}t} \tag{2.21}$$

与 1.6 节的推导类似,等号右边第一项对时间的全微分可以通过在时间间隔 $[t_1, t_2]$ 上的积分将其消去,t_1、t_2 是系统状态确定的两个时刻,因而有

$$\delta q_i(t_1) = \delta q_i(t_2) = 0 \tag{2.22}$$

将式(2.21)等号右边第二项中的 $\frac{\mathrm{d}}{\mathrm{d}t}$ 和 δ 交换次序并应用式(2.17),则有

$$\sum_{i=1}^{M}\lambda_i \frac{\mathrm{d}}{\mathrm{d}t}\delta q_i = \sum_{i=1}^{M}\lambda_i \delta i_i = \delta W_m^* \tag{2.23}$$

最后在状态固定的两个时刻 t_1 和 t_2 间对式(2.19)积分,并代入关系式(2.20)~式(2.23),即可得到

$$\mathrm{V.I.} = \int_{t_1}^{t_2}[\delta W_m^* - \delta W_e + \sum_{k=1}^{n_e} E_k \delta q_k]\mathrm{d}t \tag{2.24}$$

$$= \int_{t_1}^{t_2}[\delta(W_m^* - W_e) + \sum_{k=1}^{n_e} E_k \delta q_k]\mathrm{d}t \tag{2.25}$$

对于电路系统,电荷格式的哈密顿原理可表述为:在时刻 t_1 和 t_2 满足 $\delta q_i(t_1) = \delta q_i(t_2) = 0$ 的所有路径中,系统实际的路径是使关于电量的相容变分 δq_i 的哈密顿作用量式(2.25)为零的路径。

W_m^* 是电路的磁余能函数,它是电路中以电流 i_j 表示的各个电感的磁余能之和。W_e 是电路的电能函数,它是电路中以 q_j 表示的各个电容的电能之和。作为相容变量,电容和电荷必须满足基尔霍夫电流定律,而且须满足 $i_j = \mathrm{d}q_j/\mathrm{d}t$ 。$W_m^* - W_e$ 是电

路系统的拉格朗日函数。式(2.25)与式(1.26)完全相似；$\sum E_k \delta q_k$ 为非保守元件的虚功，对应于式(1.26)中的 δW_{nc} 。

2.4.2 哈密顿原理，磁通量格式

我们现在来考察第二种格式，其中广义坐标为磁通量 λ_k 和电压 e_k 。广义坐标的相容变分必须满足基尔霍夫电压定律，磁通量和电压必须满足关系式 $e_k = \mathrm{d}\lambda_k/\mathrm{d}t$ 。

与式(2.19)类似，虚功表达式为

$$\sum_{k=1}^{N}\left(i_k - \frac{\mathrm{d}q_k}{\mathrm{d}t}\right)\delta\lambda_k = 0 \tag{2.26}$$

式中，N 是电路元件的个数。求和式中的第一项可以分为守恒与非守恒部分。根据式(2.12)，守恒部分对应电路中所有保守元件的磁能 W_m 。

$$\sum_{k=1}^{N} i_k \delta\lambda_k = -\delta W_m + \sum_{k=1}^{n_e} I_k \delta\lambda_k \tag{2.27}$$

I_k 是电路中非保守元件的广义电流，与磁通量坐标 λ_k 能量对偶；n_e 是独立的磁通量坐标个数。按照与上一节相同的推导过程，式(2.26)中的第二项可以写为

$$-\sum_{k=1}^{N}\frac{\mathrm{d}q_k}{\mathrm{d}t}\delta\lambda_k = -\sum_{k=1}^{N}\frac{\mathrm{d}}{\mathrm{d}t}(q_k\delta\lambda_k) + \sum_{k=1}^{N} q_k \frac{\mathrm{d}}{\mathrm{d}t}(\delta\lambda_k) \tag{2.28}$$

同前，上式等号右段第一项对时间的全微分在时间间隔$[t_1, t_2]$上的积分时为零，因为 t_1、t_2 是系统状态确定的两个时刻，即

$$\delta\lambda_k(t_1) = \delta\lambda_k(t_2) = 0 \tag{2.29}$$

将式(2.28)中的第二项中 $\frac{\mathrm{d}}{\mathrm{d}t}$ 和 δ 交换次序，并利用式(2.8)，可写为

$$\sum_{k=1}^{N} q_k \frac{\mathrm{d}}{\mathrm{d}t}(\delta\lambda_k) = \sum_{k=1}^{N} q_k \delta\left(\frac{\mathrm{d}\lambda_k}{\mathrm{d}t}\right) = \sum_{k=1}^{N} q_k \delta e_k = \delta W_e^* \tag{2.30}$$

最后对式(2.26)从 t_1 到 t_2 积分，并代入关系式(2.27)～式(2.30)，可得

$$\mathrm{V.I.} = \int_{t_1}^{t_2}\left[\delta W_e^* - \delta W_m + \sum_{k=1}^{n_e} I_k \delta\lambda_k\right]\mathrm{d}t \tag{2.31}$$

$$\mathrm{V.I.} = \int_{t_1}^{t_2}\left[\delta(W_e^* - W_m) + \sum_{k=1}^{n_e} I_k \delta\lambda_k\right]\mathrm{d}t \tag{2.32}$$

对于电路系统，磁通量格式的哈密顿原理可表述为：在时刻 t_1 和 t_2 满足 $\delta\lambda_k(t_1) = \delta\lambda_k(t_2) = 0$ 的所有路径中，系统实际的路径是使关于磁通量的相容变量 $\delta\lambda_k$ 的哈密顿作用量式(2.32)为零的路径。

W_e^* 是电路的电余能函数，它是电路中以电压 e_k 表示的各个电容的电余能之和。W_m 是电路的磁能函数，它是电路中以磁通量 λ_k 表示的各个电感的磁能之和。作为相容变量，电压和磁通量必须满足基尔霍夫电压定律，而且须满足 $e_k = \mathrm{d}\lambda_k/\mathrm{d}t$ 。公式中的 $W_e^* - W_m$ 是电路系统的拉格朗日函数。

2.4.3　讨　论

电路系统的哈密顿原理与机械系统的哈密顿原理有极为相似的形式。拉格朗日能量泛函都是等于余能泛函减能量泛函；余能是广义坐标对时间导数的泛函；能量是广义坐标的泛函，而与其时间的导数无关。

对于机械系统：

$L = T^*(\dot{q}_i) - V(q_i) \qquad q_i \equiv$ 广义位移

对于电路系统：

(1) 电荷格式

$L = W_m^*(i_k) - W_e(q_k) \qquad q_k \equiv$ 电荷，$i_k = \dot{q}_k$

(2) 磁通量格式

$L = W_e^*(e_k) - W_m(\lambda_k) \qquad \lambda_k =$ 磁通量，$e_k = \dot{\lambda}_k$

非保守元件的虚功为

$\delta W_{nc} = Q_i \delta q_i \qquad Q_i \equiv$ 广义力

$\delta W_{nc} = E_k \delta q_k \qquad E_k \equiv$ 广义电压

$\delta W_{nc} = I_k \delta \lambda_k \qquad I_k \equiv$ 广义电流

如果元件对电路提供能量，则这些功为正；如果元件从电路中吸收能量，则这些功为负。按图 2-4 中设定的正方向，若电阻 R 满足：

$$e = -Ri$$

则在电荷格式中，其虚功表达式为

$$e\delta q = -Ri\delta q = -R\dot{q}\delta q$$

在磁通量格式中，其虚功表达式为

$$i\delta\lambda = -\frac{e}{R}\delta\lambda = -\frac{1}{R}\dot{\lambda}\delta\lambda$$

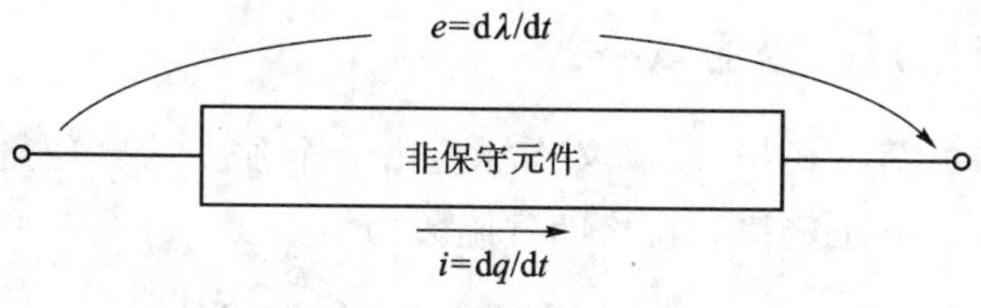

图 2-4　元件对电路提供的虚功 $e\delta q$ 或 $i\delta\lambda$

一个理想电压源 $E(t)$ 将使电荷格式中的虚功成为

$$e\delta q = E(t)\delta q$$

然而它对磁通量格式却没有影响，这是因为电压的时间历程是确定的，它不可能被电压或磁通变量改变。电压源虽然不出现在虚功的表达式中，但是它作为相容条件（磁通量和电压的约束条件）出现在哈密顿原理的磁通量格式中。

同理，理想电流源 $I(t)$ 将使磁通量格式中的虚功成为 $I(t)\delta\lambda$，但是它不改变电荷格式中的虚功,因为电流随时间的变化是确定的,不可以被改变。电流源作为相容条件(电荷和电流的约束条件)出现在哈密顿原理的电荷格式中。

2.5 电路系统拉格朗日方程

考虑一个离散的集总参数电路。由于电路系统的哈密顿原理与机械系统的哈密顿原理极为相似,我们可以跳过从哈密顿原理到拉格朗日方程的推导(与1.7节中的推导基本相同)。使虚功(能量)泛函满足相容条件的最方便的方法是选择一组完整且独立的广义坐标。按这种方法相容条件是自动满足的。

2.5.1 拉格朗日方程,电荷格式

在拉格朗日方程的电荷格式中,广义坐标组由 n 个广义电荷坐标 q_k 组成,它们对时间的微分 $\dot{q}_k$ 是电路中的回路电流。拉格朗日函数为

$$L(\dot{q}_k, q_k) = W_m^*(\dot{q}_k) - W_e(q_k) \tag{2.33}$$

式中,$W_m^*(\dot{q}_k)$ 是以独立的回路电流表示的磁余能,它等于电路中各独立电感的磁余能之和;$W_e(q_k)$ 是电路中以独立的电荷变量表示的电能,等于电路中各独立电容的电能之和。非保守元件的虚功用独立的广义坐标表示,根据功的等量关系:

$$\sum_k E_k \delta q_k = \sum_i \varepsilon_i \delta q_i$$

上式等号左边是对独立的广义坐标求和,等号右边是对含非保守元件的广义坐标(支路电量)求和。得到的拉格朗日方程为

$$\frac{\mathrm{d}}{\mathrm{d}t}\left(\frac{\partial L}{\partial \dot{q}_k}\right) - \frac{\partial L}{\partial q_k} = E_k, \qquad k = 1, \cdots, n \tag{2.34}$$

式中,E_k 是对应广义电荷坐标 q_k 的广义电压。

2.5.2 拉格朗日方程,磁通量格式

磁通量格式与电荷格式相似,广义坐标组由 n 个独立的磁通量坐标 λ_k 组成,因而自动满足基尔霍夫电压定律。拉格朗日函数为

$$L(\dot{\lambda}_k, \lambda_k) = W_e^*(\dot{\lambda}_k) - W_m(\lambda_k) \tag{2.35}$$

式中,$W_e^*(\dot{\lambda}_k)$ 是以电路中的独立电压 $\dot{\lambda}_k$ 表示的电余能,它等于电路中各独立电容的电余能之和;$W_m(\lambda_k)$ 是电路中以独立的磁通量表示的磁能,等于电路中各独立电感的磁能之和。根据功的等量关系,以独立的磁通量坐标表示的非保守元件的虚功为

$$\sum_k I_k \delta\lambda_k = \sum_i I_i \delta\lambda_i$$

上式等号左边是对独立的广义坐标求和,等号右边是对含非保守元件的广义坐标(磁通量)求和。得到的拉格朗日方程为

$$\frac{\mathrm{d}}{\mathrm{d}t}\left(\frac{\partial L}{\partial \dot{\lambda}_k}\right)-\frac{\partial L}{\partial \lambda_k}=I_k, \qquad k=1,\cdots,n \tag{2.36}$$

式中，I_k 是对应广义磁通量坐标 λ_k 的广义电流。

2.5.3　例 1

考虑图 2-5 所示的电路，我们将分别用磁通量格式和电荷格式给出其动力学方程。

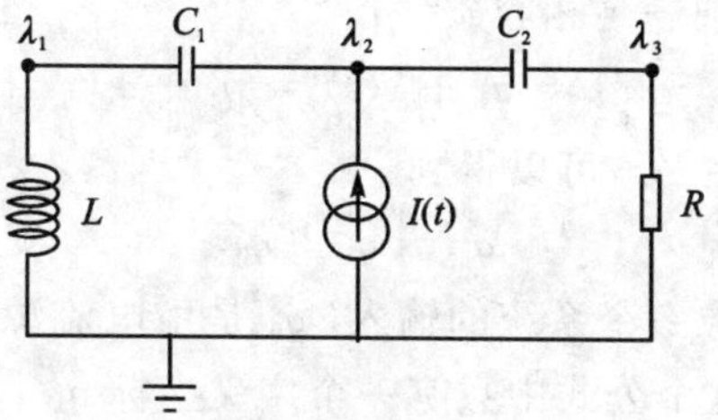

图 2-5　例 1 电路图的磁通量格式

我们取所有非接地节点处的磁通量 λ_i 作为广义坐标，共有三个独立的坐标 λ_1，λ_2，λ_3 。电容 C_1 、C_2 的电压降分别为 $\dot{\lambda}_2-\dot{\lambda}_1$ 以及 $\dot{\lambda}_3-\dot{\lambda}_2$ 。电余能为

$$W_e^*(\dot{\lambda}_k)=\frac{1}{2}C_1(\dot{\lambda}_2-\dot{\lambda}_1)^2+\frac{1}{2}C_2(\dot{\lambda}_3-\dot{\lambda}_2)^2$$

电感的磁通量为 λ_1（取接地节点的磁通量为参考值，$\lambda=0$ ），则磁能为

$$W_m(\lambda_k)=\frac{\lambda_1^2}{2L}$$

拉格朗日函数为

$$L=W_e^*-W_m=\frac{1}{2}C_1(\dot{\lambda}_2-\dot{\lambda}_1)^2+\frac{1}{2}C_2(\dot{\lambda}_3-\dot{\lambda}_2)^2-\frac{\lambda_1^2}{2L}$$

另一方面，非保守元件的虚功为

$$\delta W_{nc}=I\delta\lambda_2-\frac{\dot{\lambda}_3}{R}\delta\lambda_3$$

第一项来自理想电流源，第二项来自电阻（流经电阻的电流是 $\dot{\lambda}_3/R$ ，虚功为负说明这是一个耗散能量的元件）。拉格朗日方程中的广义电流分别为 $I_1=0$，$I_2=I$，$I_3=-\dot{\lambda}_3/R$ 。

拉格朗日方程式(2.36)成为

λ_1：　　$C_1(\ddot{\lambda}_1-\ddot{\lambda}_2)+\dfrac{\lambda_1}{L}=0$

λ_2：　　$-C_1\ddot{\lambda}_1+(C_1+C_2)\ddot{\lambda}_2-C_2\ddot{\lambda}_3=I(t)$

$$\lambda_3: \quad C_2(\ddot{\lambda}_3 - \ddot{\lambda}_2) = -\frac{\dot{\lambda}_3}{R}$$

上面这个以 $\lambda_1,\lambda_2,\lambda_3$ 为变量的、有三个方程的常微分方程组即是控制这个电路的电动力学方程。

下面我们采用电荷格式来分析同一问题。为此我们定义一组电流回路(在此问题中有两个)以及对应每个回路的电荷变量 q_1 和 q_2 ,而每个回路的电流即是 $\dot{q}_1$ 和 $\dot{q}_2$ (图 2-6 中取顺时针方向为正,是任意选取)。在这种情况下 q_1 和 q_2 不是独立的,因为有电流源存在,它们必须满足相容条件:

$$\dot{q}_2 = \dot{q}_1 + I(t) = \dot{q}_1 + \dot{q}_0$$

式中, $I(t) = \dot{q}_0$;对上式积分,可以得到

$$q_2 = q_1 + q_0$$

注意, q_0 不是变量,它更像一个系统的输入(q_0 是由电流源注入的电荷)。因而虚电荷变量为 $\delta q_2 = \delta q_1$,即这个公式中只有一个广义坐标 q_1 ,拉格朗日公式成为

$$L = W_m^*(\dot{q}_1) - W_e(q_1) = \frac{1}{2}L\dot{q}_1^2 - \frac{1}{2C_1}q_1^2 - \frac{1}{2C_2}(q_1 + q_0)^2$$

非保守元件的虚功为

$$\delta W_{nc} = -R\dot{q}_2\delta q_2 = -R(\dot{q}_1 + \dot{q}_0)\delta q_1$$

电流源对此公式没有作用。对应于 q_1 的拉格朗日方程为

$$L\ddot{q}_1 + \frac{1}{C_1}q_1 + \frac{1}{C_2}(q_1 + q_0) = -R(\dot{q}_1 + \dot{q}_0)$$

或

$$L\ddot{q}_1 + R\dot{q}_1 + \left(\frac{C_1 + C_2}{C_1 C_2}\right)q_1 = -R\dot{q}_0 - \frac{q_0}{C_2}$$

式中, $\dot{q}_0 = I(t)$ 。对比磁通量格式我们注意到,在本例中,电荷格式更紧凑,仅涉及一个广义坐标,而磁通量格式涉及了三个广义坐标。

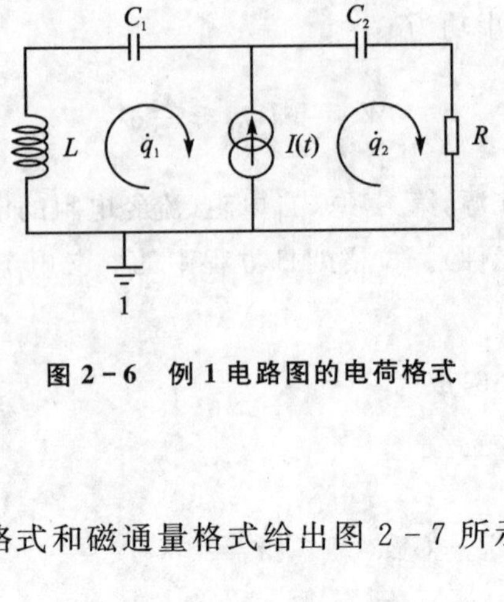

图 2-6 例 1 电路图的电荷格式

2.5.4 例 2

我们将分别用电荷格式和磁通量格式给出图 2-7 所示电路的电动力学方程。

这个例子中既有理想电压源又有理想电流源，通过此例可以比较二者对非保守元件虚功的作用。这里我们仅给出拉格朗日函数和非保守元件的虚功，基于此很容易得出拉格朗日方程。

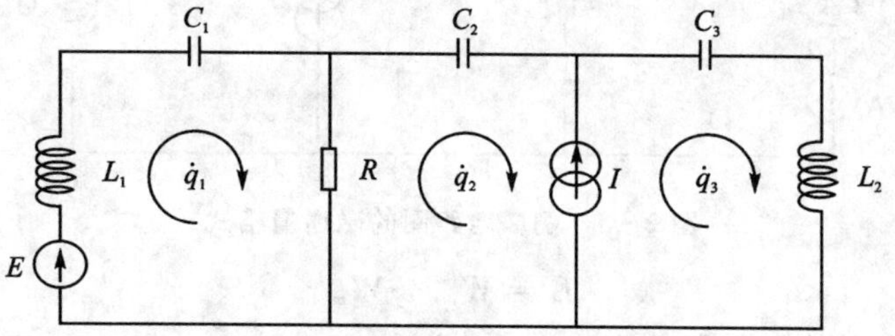

图 2-7　例 2 电路图的电荷格式

在图 2-7 中我们定义了几个电路回路。由于电流源的存在，电流 $\dot{q}_2$ 和 $\dot{q}_3$ 不是独立的，它们必须满足相容条件：

$$\dot{q}_3 = \dot{q}_2 + I(t) = \dot{q}_2 + \dot{q}_0$$

式中，$I(t) = \dot{q}_0$ 。因而

$$q_3 = q_2 + q_0$$

以及由于 q_0 不参与变分，故

$$\delta q_3 = \delta q_2$$

保守元件对磁余能和电能的虚功为

$$W_m^* = \frac{1}{2}L_1\dot{q}_1^2 + \frac{1}{2}L_2(\dot{q}_2 + \dot{q}_0)^2$$

$$W_e = \frac{q_1^2}{2C_1} + \frac{q_2^2}{2C_2} + \frac{(q_2 + q_0)^2}{2C_3}$$

以及

$$L = W_m^* - W_e$$

本例中的非保守元件有电阻和电压源，它们的虚功为

$$\delta W_{nc} = -R(\dot{q}_1 - \dot{q}_2)(\delta q_1 - \delta q_2) + E\delta q_1$$

注意，电流源在虚功表达式中没有出现，但是它们在 W_m^* 和 W_e 中分别以 $\dot{q}_0$ 和 q_0 的形式出现。

若取每个非接地节点处的磁通量 λ_i 作为一个广义坐标，且满足 $e_i = \dot{\lambda}_i$，如图 2-8 所示(译者注)。保守元件对电余能和磁能的虚功分别为

$$W_e^* = \frac{1}{2}C_1(\dot{\lambda}_2 - \dot{\lambda}_1)^2 + \frac{1}{2}C_2(\dot{\lambda}_3 - \dot{\lambda}_2)^2 + \frac{1}{2}C_3(\dot{\lambda}_4 - \dot{\lambda}_3)^2$$

$$W_m = \frac{(\lambda_1 - \lambda_0)^2}{2L_1} + \frac{\lambda_4^2}{2L_2}$$

以及

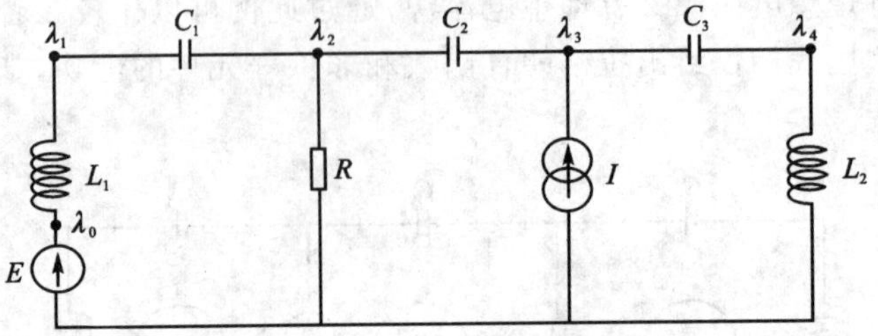

图 2-8　例 2 电路图的磁通量格式

$$L = W_e^* - W_m$$

本例中的非保守元件电阻和电流源的虚功为

$$\delta W_{nc} = -\frac{\dot{\lambda}_2}{R}\delta\lambda_2 + I\delta\lambda_3$$

因为磁通量 λ_0 不参与变分，所以电压源没有在式中出现。此时，电压源在电动力学方程中的作用只是通过磁能体现。

2.6　参考文献

[1] CRANDALLS H, KARNOPPD C, KURTZE TJr, et al. Dynamics of Mechanical and Electromechanical Systems [M]. New York: McGraw - Hill,1968.

[2] WILLIAMSJ H Jr, Fundamentals of Applied Dynamics [M]. New York: Wiley,1996.

[3] WOODSONH H, MELCHERJ R. Electromechanical Dynamics, Part I: Discrete Systems [M]. New York: Wiley,1968.

第 3 章 机电耦合系统

3.1 引　言

前两章分别介绍了机械系统和电路系统的拉格朗日动力学。在这一章中，我们将介绍由机械结构和电路网络组合而成的系统的动力学特性及其分析方法，该系统的关键特性是发生在换能器中的机械能和电能之间的转换。在现代生活中，机电换能器是很普遍的，比如麦克风、扩音器、电动机、磁悬浮、电容式加速度换能器以及微机电系统(Microelectromechanical Systems)，以及会在下一章中作单独介绍的压电换能器。

这一章的开头，回顾了最常见的无损集总参数换能器的本构关系，接着给出了用于描述机电耦合系统的哈密顿原理、拉格朗日方程，同时还给出了一系列经典的机电耦合模型的动力方程的推导。

3.2 换能器的本构方程

守恒型换能器，又称无损换能器，可分为两类：一类能储存能量；另一类不储存能量，只是把一种能量形式转换为另一种能量形式。在储能型换能器中，能量首先以一种形式(电能或机械能)储存，经过一段时间后，该能量可以被转换成另外一种形式。而对于转换型换能器，只是把能量从一种形式转换为另一种形式，其瞬时输入功率总是与瞬时输出功率相等。集总参数模型的理论基础是准静态电磁理论，即假设电磁装置的物理尺寸 l 要远远小于电磁波长($l/\lambda \ll 1$)。在这个假设下，换能器是由电场或是磁场产生力，二者不同时作用。这使得我们可以仅考虑容性换能器中的电场力和感性换能器中的磁场力。

需要注意的是，当换能器尺寸减小时，静电力和电磁力不会以相同的速度减小：静电力的减小速度类比于 l^{-2} ，静电能的减小速度类比于 l^{-3} ；而电磁力的减小速度类比于 l^{-4} ，磁能的减小速度类比于 l^{-5} 。这也是静电换能器会在微机电系统中得到广泛使用的原因。

3.2.1 可动极板电容

可动极板电容是一种储能式无损换能器，它可以把电能转换为机械能，也可以把机械能转为电能，如图 3-1 所示。设电容的电量为 q ，两个板之间的电压为 e ，可动

板的位移是 x，两块板之间由于电荷的引力具有相互靠近的趋势。为了使可动板保持静力平衡，须在板上施加外力 f。假设此换能器处于理想状况，即具有理想电容，且不计机械结构的质量、刚度和阻尼。

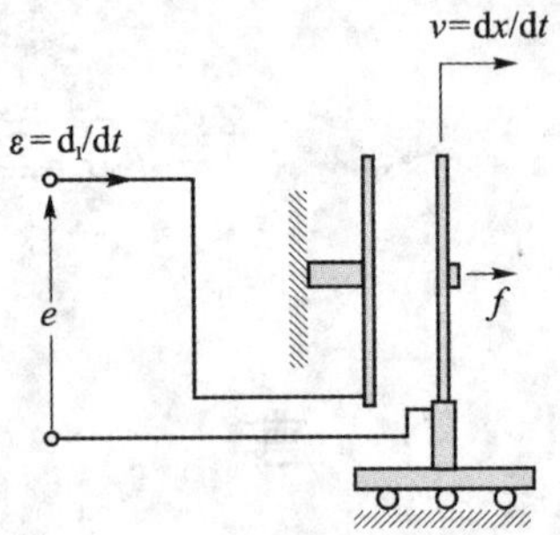

图 3-1 可动极板电容

取可动极板位移 x 和电荷 q 为两个独立变量，可动极板式电容的本构关系可以用 x 和 q 表述的电压和力的平衡方程给出：

$$e = e(x,q)$$
$$f = f(x,q) \tag{3.1}$$

方程的具体格式既可以由静电场理论确定，也可以由实验获得。然而，必须满足当电量 $q=0$ 时没有电场，即处于任意位置 x 的电场力均有

$$f(x,0)=0 \tag{3.2}$$

电容输出的总功率为电功率 ei 和机械功率 fv 的总和。那么，电容在时间段 $\mathrm{d}t$ 内做的净功为

$$\mathrm{d}W = ei\,\mathrm{d}t + fv\,\mathrm{d}t = e\mathrm{d}q + f\mathrm{d}x \tag{3.3}$$

对于一个无损换能单元，这个功以电能 $\mathrm{d}W_e$ 储存起来，并且总电能 $W_e(x,q)$（虽然此处采用术语电能，但是实际上同时包含了电场和磁场所做的功）可以通过对式(3.3)以初始状态到状态 (q,x) 的积分获得。一旦获知电能函数 $W_e(x,q)$，则系统的本构方程可以通过对其的微分得到

$$\frac{\partial W_e}{\partial x} = f \quad \frac{\partial W_e}{\partial q} = e \tag{3.4}$$

与前述章节类似，与之互为补充的电余能函数可由勒让德变换得到

$$W_e^*(x,e) = eq - W_e(x,q) \tag{3.5}$$

余能函数的全微分表示为

$$\mathrm{d}W_e^*(x,e) = q\mathrm{d}e + e\mathrm{d}q - \frac{\partial W_e}{\partial x}\mathrm{d}x - \frac{\partial W_e}{\partial q}\mathrm{d}q$$

参考式(3.4)的形式，有

$$q = \frac{\partial W_e^*}{\partial e} \quad f = -\frac{\partial W_e^*}{\partial x} \tag{3.6}$$

假设电容的电场本构关系是线性的，就可以得到状态函数 $W_e(x,q)$ 和 $W_e^*(x,q)$ 的具体表述。若

$$e = \frac{q}{C(x)} \tag{3.7}$$

式中，$C(x)$ 表示极板位置 x 所对应的电容值(最简单的情况是，两个极板之间的距离 x 不变，忽略电极板的边缘效应，有 $C(x)=\varepsilon A/x$，其中 ε 表示两个极板间材料的介电常数，A 表示极板的面积)。

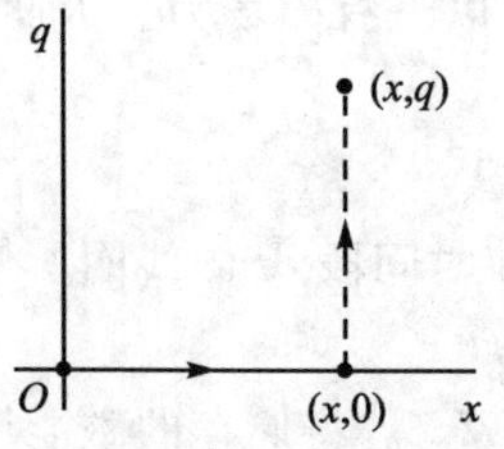

图 3-2 可动极板电容:电能积分路径

电能函数 $W_e(x,q)$ 可以通过对式(3.3)进行由初始点到 (q,x) 积分得到。因为守恒系统的积分结果与路径无关,所以我们可以选择由两条直线构成的路径作为积分路径,即 $(0,0)\rightarrow(x,0)$ 和 $(x,0)\rightarrow(x,q)$,如图 3-2 所示。在沿第一条直线积分时,有 $f=0$ 和 $e=0$,在沿第二条直线积分时,有 $\mathrm{d}x=0$,则可得

$$W_e(x,q)=\int_0^q e\mathrm{d}q=\int_0^q \frac{q}{C(x)}\mathrm{d}q=\frac{q^2}{2C(x)} \tag{3.8}$$

根据勒让德变换式(3.5)和本构方程式(3.7),得

$$W_e^*(x,e)=\frac{1}{2}C(x)e^2 \tag{3.9}$$

该线性可动极板电容的本构方程可以由式(3.4)和式(3.6)得到

$$f=\frac{\partial W_e}{\partial x}=-\frac{q^2}{2C^2}C'(x) \quad e=\frac{\partial W_e}{\partial q}=\frac{q}{C(x)} \tag{3.10}$$

或者

$$f=-\frac{\partial W_e^*}{\partial x}=-\frac{e^2}{2}C'(x) \quad q=\frac{\partial W_e^*}{\partial e}=Ce \tag{3.11}$$

式中,$C'(x)=\mathrm{d}C(x)/\mathrm{d}x$。需要注意的是,由于假设系统是保守(能量守恒)的,所以式(3.8)和式(3.9)的建立并没有用到式(3.1)中的 $f(x,q)$ 关系式。一旦 $W_e(x,q)$ 和 $W_e^*(x,q)$ 的表达式确定了,那么式(3.10)和式(3.11)中平衡电容中的电场力与机械力的平衡关系就已经给出了。

3.2.2 可移动芯棒电感

理想可移动芯棒电感也是一种守恒型换能器,可视为磁场中的"可动极板电容"。它的构成和相关符号如图 3-3 所示,其中 λ 是线圈的磁通量,e 是输入电压,i 是输入电流,x 是芯棒位移,f 是用来平衡线圈在磁场中运动产生电磁力的外力。与上一节相同,假设换能器具有理想电感,无迟滞效应,机械系统中忽略质量与摩擦。将磁通量 λ 和位移 x 作为独立变量,可得用 λ 和 x 表达的 f 和 i,即为该系统的本构方程:

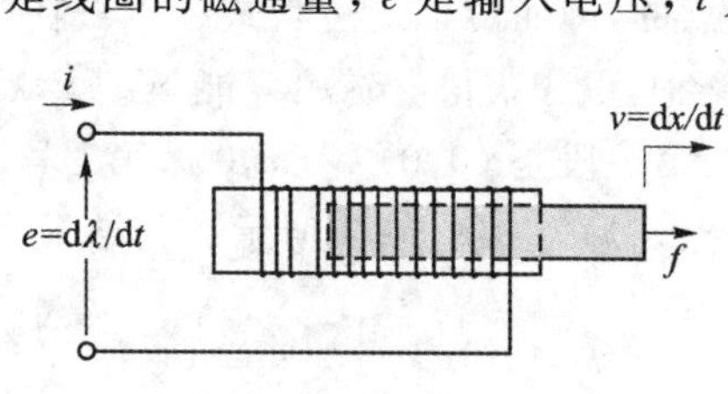

图 3-3 可动芯棒电感

$$\begin{aligned} i&=i(x,\lambda)\\ f&=f(x,\lambda) \end{aligned} \tag{3.12}$$

该本构方程的具体表述可以通过电磁场理论或者实验获得。由于没有迟滞,所

以式(3.12)是单值函数，当 $\lambda = 0$ 时，由于没有磁场，所以没有磁场力。因此，与磁场力相平衡的外力 f 在所有位置 x 上满足条件：

$$f(x,0) = 0 \tag{3.13}$$

电感的总功率为电功率 ei 和机械功率 fv 之和。因而在时间段 $\mathrm{d}t$ 内线圈所做净功为

$$\mathrm{d}W = ei\mathrm{d}t + fv\mathrm{d}t = i\mathrm{d}\lambda + f\mathrm{d}x \tag{3.14}$$

对于守恒型换能器，它的功全部储存为线圈中的磁能 $\mathrm{d}W_{\mathrm{m}}$。将储存的磁能用独立变量 x 和 λ 的形式表示为 $W_{\mathrm{m}}(x,\lambda)$，满足：

$$\mathrm{d}W_{\mathrm{m}} = \frac{\partial W_{\mathrm{m}}}{\partial \lambda}\mathrm{d}\lambda + \frac{\partial W_{\mathrm{m}}}{\partial x}\mathrm{d}x \tag{3.15}$$

和式(3.14)比较，可得到该系统的本构方程：

$$i = \frac{\partial W_{\mathrm{m}}}{\partial \lambda} \quad f = \frac{\partial W_{\mathrm{m}}}{\partial x} \tag{3.16}$$

如果系统是保守的，则储存的总磁能可以通过对式(3.14)进行从初始参考状态到 (x,λ) 的积分获得，该积分的路径任意。

与可动极板电容相同，磁余能函数可以通过勒让德变换得到

$$W_{\mathrm{m}}^{*}(x,i) = i\lambda - W_{\mathrm{m}}(x,\lambda) \tag{3.17}$$

对余能函数进行全微分，并引入式(3.16)，可以得到系统本构方程的另一种表达形式：

$$\lambda = \frac{\partial W_{\mathrm{m}}^{*}}{\partial i} \quad f = -\frac{\partial W_{\mathrm{m}}^{*}}{\partial x} \tag{3.18}$$

若磁通量与电流是线性关系，即

$$\lambda = L(x)i \tag{3.19}$$

式中，$L(x)$ 指芯棒在处于 x 位置时线圈的电感值。此时，可以通过对式(3.14)进行从初始参考状态到 (x,λ) 的积分获得 $W_{\mathrm{m}}(x,\lambda)$ 的精确表达形式。对于保守系统，积分路径可以是任意的，因而可以通过将式(3.14)在两段直线路径上积分获得电磁储存能 $W_{\mathrm{m}}(x,\lambda)$ 的表达式，第一段是 $(0,0) \rightarrow (x,0)$，第二段是 $(x,0) \rightarrow (x,\lambda)$，如图 3-4 所示。其结果为

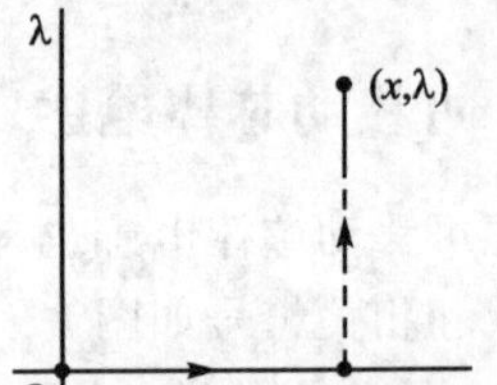

图 3-4　可动芯棒电感：磁能积分路径

$$W_{\mathrm{m}}(x,\lambda) = \int_0^{\lambda} i\mathrm{d}\lambda = \int_0^{\lambda} \frac{\lambda}{L(x)}\mathrm{d}\lambda = \frac{\lambda^2}{2L(x)} \tag{3.20}$$

将式(3.20)和式(3.19)代入式(3.17)，可以得到电磁余能的表达形式：

$$W_{\mathrm{m}}^{*}(x,i) = \frac{1}{2}L(x)i^2 \tag{3.21}$$

从而由式(3.16)和式(3.18)所示的本构关系，可以得到

$$f = \frac{\partial W_m}{\partial x} = -\frac{\lambda^2}{2L^2}L'(x) \quad i = \frac{\partial W_m}{\partial \lambda} = \frac{\lambda}{L(x)} \tag{3.22}$$

$$f = -\frac{\partial W_m^*}{\partial x} = -\frac{i^2}{2}L'(x) \quad \lambda = \frac{\partial W_m^*}{\partial i} = L(x)i \tag{3.23}$$

3.2.3　动圈式换能器

动圈式换能器是一种可以将机械能与电能互相转换的能量转换器。如图 3-5 所示，该系统包括一个可以产生恒定磁通密度 $\boldsymbol{B}$(垂直于线圈运动的间隙)的永磁体，和一个可以在间隙中自由移动的线圈。设 $\boldsymbol{v}$ 是线圈的移动速度；$\boldsymbol{f}$ 是用于保持线圈，并与电磁力平衡的力；e 是线圈两端的电势差；$\boldsymbol{i}$ 是流入线圈的电流。在这个理想的换能器中，忽略线圈的电阻以及自身的电感，同时还忽略结构的质量和阻尼(如果觉得有必要考虑这些因素，则可在理想线圈中加入电阻和电感，或者将质量与阻尼考虑到机械场模型中)。音圈作动器是机电耦合领域最常见的一种换能器(可以应用于麦克风)，还可以用作传感器(如后文所述的地震监测仪)。

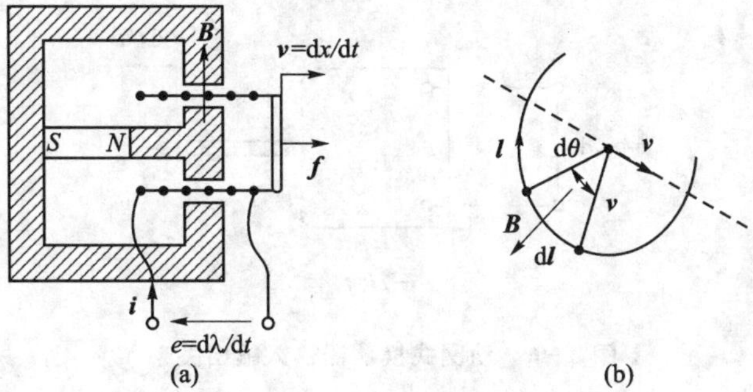

图 3-5　动圈式换能器

根据法拉第定律和洛伦兹力定律，我们可以得到动圈式换能器的本构方程。法拉第定律的表述为：在长为 $\mathrm{d}\boldsymbol{l}$ 的微段上由线圈运动产生的，沿电流方向电压的增量 $\mathrm{d}e$ 为

$$\mathrm{d}e = \boldsymbol{v} \times \boldsymbol{B} \cdot \mathrm{d}\boldsymbol{l} \tag{3.24}$$

另一方面，在电磁场(电场 $\boldsymbol{E}$ 和磁场 $\boldsymbol{B}$)中运动的点电荷将承受洛伦兹力：

$$\boldsymbol{f} = q(\boldsymbol{E} + \boldsymbol{v} \times \boldsymbol{B}) \tag{3.25}$$

在宏观世界中，这个力主要由其中的磁场力主导，而电场力可以忽略不计。如果我们把换能器中的电流视为由数量巨大的点电荷(电子)构成，那么在微段 $\mathrm{d}\boldsymbol{l}$ 上产生的总力为

$$\mathrm{d}\boldsymbol{f} = \boldsymbol{i}\mathrm{d}\boldsymbol{l} \times \boldsymbol{B} \tag{3.26}$$

在一段线圈 $\mathrm{d}\boldsymbol{l} = \boldsymbol{r}\mathrm{d}\boldsymbol{\theta}$ 上使用式(3.24)[注意到 $\boldsymbol{B}$,$\boldsymbol{v}$ 和 $\mathrm{d}\boldsymbol{l}$ 相互正交，如图 3-5(b)所示]，电压沿电流方向的增量可以表示为

$$\mathrm{d}e = \boldsymbol{v} \times \boldsymbol{B} \cdot \mathrm{d}\boldsymbol{l} = -\boldsymbol{v}\boldsymbol{B}\boldsymbol{r}\,\mathrm{d}\boldsymbol{\theta}$$

假设磁场强度 $\boldsymbol{B}$ 在线圈移动的缝隙中为常数，将上式对 $\boldsymbol{\theta}$ 积分，可以得到线圈的电势差：

$$e = 2\pi n\boldsymbol{r}\boldsymbol{B}\boldsymbol{v} = T\boldsymbol{v} \tag{3.27}$$

式中，

$$T = 2\pi n\boldsymbol{r}\boldsymbol{B} \tag{3.28}$$

它是换能器常量，等于磁通量穿过线圈的总长度 $2\pi nr$ 与磁通密度 $\boldsymbol{B}$ 的乘积。另一方面，将 $\mathrm{d}\boldsymbol{l} = \boldsymbol{r}\mathrm{d}\boldsymbol{\theta}$ 代入式(3.26)中可以得到微段 $\mathrm{d}\boldsymbol{l}$ 中有电流 $\boldsymbol{i}$ 时所受的洛伦兹力为

$$\mathrm{d}\boldsymbol{f} = \boldsymbol{i}\boldsymbol{r}\,\mathrm{d}\boldsymbol{\theta}\boldsymbol{B} \tag{3.29}$$

在图 3-5(a)中 $\boldsymbol{f}$ 定义为用来平衡线圈在电磁场中的受力的外力①，对式(3.29)进行积分，可得

$$\boldsymbol{f} = -\boldsymbol{i}2\pi n\boldsymbol{r}\boldsymbol{B} = -T\boldsymbol{i} \tag{3.30}$$

式中，T 就是式(3.28)出现过的换能器常数。方程式(3.27)和式(3.30)即为动圈式换能器的本构方程(见图 3-6)。

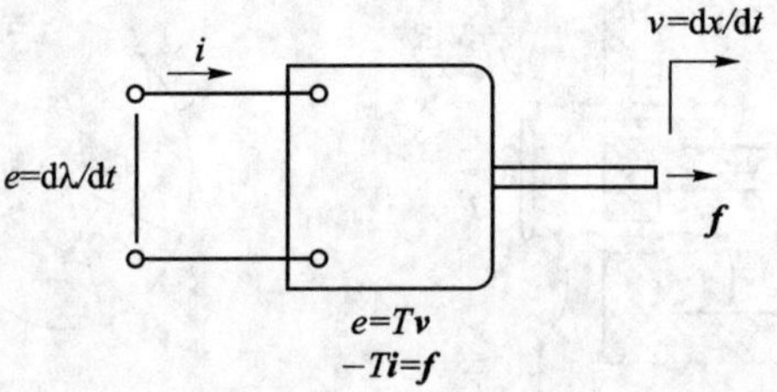

图 3-6　动圈式换能器输入输出关系

需要注意的是，在法拉第定律式(3.27)中常数 T 的单位为伏特·秒/米，与洛伦兹力表达式(3.30)中的单位牛顿/安培等价。

该换能器的总功率是电场功率 $\boldsymbol{ei}$ 和机械功率 $\boldsymbol{fv}$ 之和。将式(3.27)和式(3.30)代入到总功率，可得

$$\boldsymbol{ei} + \boldsymbol{fv} = T\boldsymbol{vi} - T\boldsymbol{iv} = 0 \tag{3.31}$$

因此，在任意时刻，电能与机械能是相互转换的。这个可动芯棒换能器并不能储存能量，而是一个理想的机电能量转换器。而实际中，涡流、磁通量泄露和磁场迟滞都会导致式(3.27)和式(3.30)中 T 的取值不同，从而使得换能器不再处于理想状态。

式(3.31)决定了动圈式换能器的磁能 W_m 始终是一个常数，等于它的初始值(例如，可以为 0)。那么，如果式(3.27)等价地以磁通量 λ 表述②：

$$\lambda = T(x - x_0) \tag{3.32}$$

①因此，下面的积分结果加上了负号，表示反向。——译者注

②此处利用了第 2 章中磁通量与电压的微分关系，实际上这里将式(3.27)的两侧分别进行了积分。——译者注

式中，x_0 是任意参考位置。那么余能函数则可利用式(3.17)写成：

$$W_{\mathrm{m}}^{*}(x,\boldsymbol{i}) = \boldsymbol{i}\lambda - W_{\mathrm{m}}(x,\lambda) = T\boldsymbol{i}(x - x_0) \tag{3.33}$$

代入式(3.18)，本构方程可以另写为

$$\boldsymbol{f} = -\frac{\partial W_{\mathrm{m}}^{*}}{\partial x} = -T\boldsymbol{i} \quad \lambda = \frac{\partial W_{\mathrm{m}}^{*}}{\partial \boldsymbol{i}} = T(x - x_0) \tag{3.34}$$

这一小节的主要内容是理想换能器的本构方程。真实换能器模型通常需要同时从电场和机械场两个方面引入修正，如在电场中需要考虑电阻、电感和电容；在机械场中，则需要考虑惯性、刚度和阻尼。这些会在下面章节中通过几个例子继续讨论。在此之前，我们先介绍如何由广义形式的哈密顿原理和拉格朗日方程建立机电耦合系统的动力学方程。

3.3　哈密顿原理

前两章分别介绍了机械系统和电路系统的哈密顿原理。对于机械系统，存在一个以虚位移描述的拉格朗日公式；而对于电路，存在两种等价的拉格朗日公式，分别以磁通量和支路电量描述。在这些公式中，虚位移需满足所有动力学约束；磁通量满足基尔霍夫电压定理；支路电量需满足基尔霍夫电流定理。在所有的情况中，拉格朗日函数定义为余能函数(取决于广义坐标的时间微分)和能量函数(取决于广义坐标)的差，详细表述见 2.4.3 节。在两个确定的状态之间，机械系统和电路的真实历程分别使泛函 V.I.[式(1.26)和式(2.24)]关于所有广义坐标的相容变分为 0。

对于机电耦合系统，其拉格朗日泛函是机械系统的泛函式(1.26)和电路系统泛函式(2.24)或式(2.31)[选取式(2.24)或式(2.31)可构造不同的泛函格式]之和。在两个确定的状态之间，机电耦合系统的真实历程使该泛函关于所有广义坐标的相容变分为 0(既有机械场的变分，也有电场的变分，电场的变分与所选择的自变量格式有关)。

3.3.1　位移-电量格式

在位移-电量格式表述的哈密顿原理中，须满足的相容性条件包括：对虚位移 δx_i 和速度的动力学约束；对虚电量 δq_i 和电流的基尔霍夫电流定律。于是，哈密顿作用量定义为

$$\text{V.I.} = \int_{t_1}^{t_2} \left[\delta(T^{*} + W_{\mathrm{m}} - V - W_{e}) + \sum f_i \delta x_i + \sum e_j \delta q_j\right] \mathrm{d}t \tag{3.35}$$

在满足 $\delta x_i(t_1) = \delta x_i(t_2) = \delta q_i(t_1) = \delta q_i(t_2) = 0$ 的两个时间点 t_1 和 t_2 之间，机电耦合系统的真实历程使哈密顿作用量式(3.35)关于广义坐标的所有相容变分(δx_i 和 δq_i)为 0 。在式(3.35)中，动余能 T^{*} 和磁余能 W_{m}^{*} 可视为一组，因为它们与广义坐标对时间导数(分别是 $\dot{x}_i$ 和 $i_k = \dot{q}_k$)有关。相反，势能 V 和电能 W_e 则与广义坐标

对时间导数无关，只取决于 x_i 和 q_i 。

拉格朗日函数为总余能函数减去总能量函数：

$$L = T^* + W_m^* - V - W_e \tag{3.36}$$

3.3.2 位移-磁通量格式

在位移-磁通量格式表述的哈密顿原理中，关于机械场的相容条件不变：虚位移必须满足动力学约束；而磁通量的相容变分 $\delta\lambda_i$ 必须满足基尔霍夫电压定律。相应的哈密顿作用量则为

$$\text{V. I.} = \int_{t_1}^{t_2} [\delta(T^* + W_e^* - V - W_m) + \sum f_i \delta x_i + \sum i_j \delta\lambda_j] dt \tag{3.37}$$

在满足 $\delta x_i(t_1) = \delta x_i(t_2) = \delta\lambda_i(t_1) = \delta\lambda_i(t_2) = 0$ 的两个时间点 t_1 和 t_2 之间，机电耦合系统真实历程使哈密顿作用量式(3.37)关于广义坐标的所有相容变分(δx_i 和 $\delta\lambda_i$)为 0。

拉格朗日函数为

$$L = T^* + W_e^* - V - W_m \tag{3.38}$$

式中，动余能 T^* 和电余能 W_e^* 与广义坐标对时间的导数(分别是 $\dot{x}_i$ 和 $e_k = \dot{\lambda}_k$)有关。相反，势能 V 和磁能 W_m 则与广义坐标对时间的导数无关，只决定于 x_i 和 λ_i 。

3.4 拉格朗日函数

如果机电耦合系统可以由一组完整且独立的广义坐标(对于机械场是 x_i，对于电场是 q_i 或 λ_i)描述，则相容条件就已经自动满足了。同样，采用与 2.5 节中的相似的处理手法，拉格朗日函数可以通过哈密顿原理推导得出。

3.4.1 位移-电量格式

用 z_i 表示 m 个完整且独立的机械场广义坐标，用 q_k 表示 n 个完整且独立的电场广义坐标(本节中，电场以电荷表述)，拉格朗日函数表示为

$$L(\dot{z}_i, z_i, \dot{q}_k, q_k) = T^* + W_m^* - V - W_e \tag{3.39}$$

此式包含了系统中所有保守力所做的功。而系统中非保守力的虚功为

$$\delta W_{nc} = \sum_{i=1}^{m} Q_i \delta z_i + \sum_{k=1}^{n} E_k \delta q_k \tag{3.40}$$

根据哈密顿原理，并采用与前述章节类似的推导过程，可得

$$\frac{d}{dt}\left(\frac{\partial L}{\partial \dot{z}_i}\right) - \frac{\partial L}{\partial z_i} = Q_i \quad i = 1, \cdots, m \tag{3.41}$$

$$\frac{d}{dt}\left(\frac{\partial L}{\partial \dot{q}_k}\right) - \frac{\partial L}{\partial q_k} = E_k \quad k = 1, \cdots, n \tag{3.42}$$

3.4.2　位移-磁通量格式

类似地，用 z_i 表示 m 个完整且独立的机械场广义坐标，用 λ_k 表示 n 个完整且独立的电场广义坐标（本节中，电场以磁通量表述），拉格朗日函数表示为

$$L(\dot{z}_i, z_i, \dot{\lambda}_k, \lambda_k) = T^* + W_e^* - V - W_m \tag{3.43}$$

此式包含了系统中所有保守力所做的功。而系统中非保守力的虚功为

$$\delta W_{nc} = \sum_{i=1}^{m} Q_i \delta z_i + \sum_{k=1}^{n} I_k \delta \lambda_k \tag{3.44}$$

根据哈密顿原理，可得

$$\frac{\mathrm{d}}{\mathrm{d}t}\left(\frac{\partial L}{\partial \dot{z}_i}\right) - \frac{\partial L}{\partial z_i} = Q_i \quad i = 1, \cdots, m \tag{3.45}$$

$$\frac{\mathrm{d}}{\mathrm{d}t}\left(\frac{\partial L}{\partial \dot{\lambda}_k}\right) - \frac{\partial L}{\partial \lambda_k} = I_k \quad k = 1, \cdots, n \tag{3.46}$$

3.4.3　耗散函数

如 1.51 节，通常通过定义耗散函数，来表述出现在拉格朗日方程右端的非保守电路元件（电阻）的作用，以电量格式表述为

$$E_k = -\frac{\partial D}{\partial \dot{q}_k} \tag{3.47}$$

或以磁通量格式表述为

$$I_k = -\frac{\partial D}{\partial \dot{\lambda}_k} \tag{3.48}$$

对于单独一个电阻，其耗散函数在两种格式下可分别表示为

$$D(\dot{q}) = \frac{1}{2} R \dot{q}^2 \quad \text{（电量格式）} \tag{3.49}$$

$$D(\dot{\lambda}) = \frac{1}{2} \frac{\dot{\lambda}^2}{R} \quad \text{（磁通量格式）} \tag{3.50}$$

将这两个式子分别代入方程式(3.42)和式(3.46)，可得

$$\frac{\mathrm{d}}{\mathrm{d}t}\left(\frac{\partial L}{\partial \dot{q}_k}\right) + \frac{\partial D}{\partial \dot{q}_k} - \frac{\partial L}{\partial q_i} = E_k \tag{3.51}$$

$$\frac{d}{\mathrm{d}t}\left(\frac{\partial L}{\partial \dot{\lambda}_k}\right) + \frac{\partial D}{\partial \dot{\lambda}_k} - \frac{\partial L}{\partial \lambda_k} = I_k \tag{3.52}$$

机电耦合系统的拉格朗日方程已在表 3-1 中详细地列出，后面将会用一些例子进一步地说明。

表 3-1　机电耦合系统的拉格朗日方程

机械部分	
广义坐标：z_i 动余能：$T^* = \dot{z}^{\mathrm{T}}M\dot{z}/2$ 势能：$V = z^{\mathrm{T}}Kz/2$ 耗散函数(粘性阻尼)：$D = \dot{z}^{\mathrm{T}}C\dot{z}/2$ 外力：$\delta W_{nc} = \sum Q_i z_i$ 拉格朗日方程：$\frac{\mathrm{d}}{\mathrm{d}t}\left(\frac{\partial L}{\partial \dot{z}_i}\right)+\frac{\partial D}{\partial \dot{z}_i}-\frac{\partial L}{\partial z_i}=Q_i$	
电路部分	
电量格式	磁通量格式
广义坐标：电量 q_k 电感中的磁余能：$W_{\mathrm{m}}^* = L\dot{q}^2/2$ 电容中的电势能：$W_e = q^2/2C$ 动圈式换能器：$W_{\mathrm{m}}^* = T\dot{q}(x-x_0)$ 电阻的耗散函数：$D = R\dot{q}^2/2$ 电压源：$\delta W_{nc} = E(t)\delta q$ 电流源：$\delta W_{nc} = 0$	广义坐标：磁通量 λ_k 电容中的电余能：$W_e^* = C\dot{\lambda}^2/2$ 电感中的磁能：$W_{\mathrm{m}} = \lambda^2/2L$ 电阻的耗散函数：$D = \dot{\lambda}^2/2R$ 电压源：$\delta W_{nc} = 0$ 电流源 $\delta W_{nc} = I(t)\delta\lambda$
拉格朗日函数：$L = T^* + W_{\mathrm{m}}^* - V - W_e$	拉格朗日函数：$L = T^* + W_e^* - V - W_{\mathrm{m}}$

3.5 举　例

3.5.1 电磁活塞

电磁活塞广泛地应用在继电器和阀门中，其中活塞由电磁力驱动，如图 3-7 所示。电流为零时活塞与线圈的距离为 x_0，这也是弹簧未变形时活塞的位置；当开关闭合时，线圈中的电流会产生磁场力吸引活塞向电磁铁方向运动，使活塞的位置为 $x=-x_0$ 以闭合磁路。活塞用一个弹簧质量模型表示，其中质量为 m，刚度 k，阻尼为 c。同样，将电磁线圈假设为可变电感(式中 h 的定义见图 3-7)：

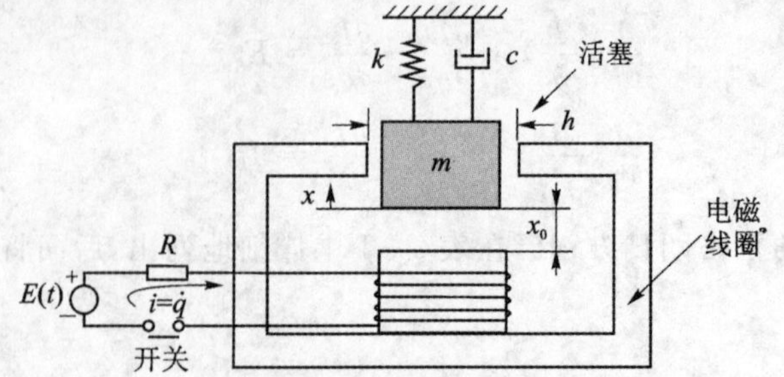

图 3-7　电磁活塞

$$L(x)=\frac{L_0}{1+(x_0+x)/h} \tag{3.53}$$

在位移-电荷格式的拉格朗日函数中，广义坐标分别为活塞相对于初始位置的距离 x 和图 2－7 所示的电路中的电量 q。拉格朗日函数写为

$$L=T^*+W_m^*-V-W_e=\frac{1}{2}m\dot{x}^2+\frac{1}{2}L(x)\dot{q}^2-\frac{1}{2}kx^2 \tag{3.54}$$

耗散函数为机械阻尼与电路中电阻的耗散功的和：

$$D=\frac{1}{2}c\dot{x}^2+\frac{1}{2}R\dot{q}^2 \tag{3.55}$$

系统中位移的非保守力为外加电源电压：

$$\delta W_{nc}=E(t)\delta q \tag{3.56}$$

拉格朗日函数及耗散函数的偏微分分别为

$$\frac{\partial L}{\partial \dot{x}}=m\dot{x}\quad \frac{\partial L}{\partial x}=L'(x)\frac{\dot{q}^2}{2}-kx$$

$$\frac{\partial L}{\partial \dot{q}}=L(x)\dot{q}\quad \frac{\partial L}{\partial q}=0$$

$$\frac{\partial D}{\partial \dot{x}}=c\dot{x}\qquad \frac{\partial D}{\partial \dot{q}}=R\dot{q}$$

则系统的拉格朗日方程为

$$m\ddot{x}+c\dot{x}+kx-L'(x)\frac{\dot{q}^2}{2}=0$$

$$\frac{\mathrm{d}}{\mathrm{d}t}[L(x)\dot{q}]+R\dot{q}=E \tag{3.57}$$

3.5.2　电磁扩音器

扩音器可将电能转换为声能，其实现方法是：以一个音圈作动器激励薄膜，并利用薄膜的振动把声音传播到周围空气中。低频扩音器的模型如图 3－8 所示，它的机械部分可以视为一个弹簧质量系统(显然，这一处理也只适用于低频)，机械系统中常量 m，k 和 c 的选取需要考虑到薄膜的声激励特性。机械部分通过一个动圈式换能器(一种在 3.2.3 节已介绍过的理想换能器)与电路部分相连，换能器常数为 T。电路部分可处理为一个电压源与一个 RL 电路的串联。

采用位移—电量格式的拉格朗日公式和广义坐标 x、q，各部分的能量公式可以表示为

$$T^*=\frac{1}{2}m\dot{x}^2$$

$$V=\frac{1}{2}kx^2 \tag{3.58}$$

$$W_m^*=\frac{1}{2}L\dot{q}^2+T\dot{q}(x-x_0)$$

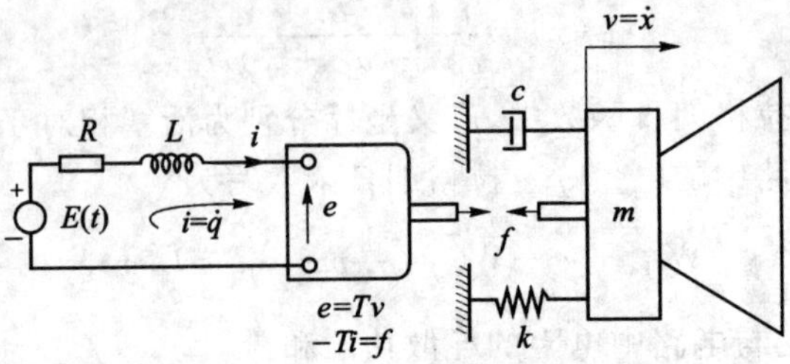

图 3-8　电磁扩音器

W_m^* 的第一项为电感的磁余能，第二项与动圈式换能器相关，见式(3.33)。耗散函数可以表示为

$$D=\frac{1}{2}c\dot{x}^2+\frac{1}{2}R\dot{q}^2$$

电压源的虚功为

$$\delta W_{nc}=E(t)\delta q$$

拉格朗日函数 $L=T^*+W_m^*-V$ 和耗散函数的偏微分分别为

$$\frac{\partial L}{\partial \dot{x}}=m\dot{x} \qquad \frac{\partial L}{\partial x}=-kx+T\dot{q} \qquad \frac{\partial D}{\partial \dot{x}}=c\dot{x}$$

$$\frac{\partial L}{\partial \dot{q}}=L\dot{q}+T(x-x_0) \qquad \frac{\partial L}{\partial q}=0 \qquad \frac{\partial D}{\partial \dot{q}}=R\dot{q}$$

则系统的拉格朗日方程写为

$$\begin{aligned} m\ddot{x}+c\dot{x}+kx-T\dot{q}&=0 \\ T\dot{x}+L\ddot{q}+R\dot{q}&=E(t) \end{aligned} \tag{3.59}$$

需要注意的是，在本节的分析中，既然动圈式换能器被作为理想的换能器，那么图 3-8 的结构也可以作为麦克风，将由声激励引起的薄膜振动转换为输出的电压(薄膜应该设计为压力敏感元件)。然而，更为常用的是电容式麦克风。

3.5.3　电容式麦克风

电容式麦克风由一个固定的极板和一个与之平行的可动极板组成，后者与弹簧相连。该电容通过一个具有电压源和 RL 支路的串联电路充电。电阻 R 两端的电势差可反映作用于极板上的压强(力)。可动极板建模为一个弹簧质量系统(m、k、c 如图 3-9 所示)。在平衡状态时，极板上的电量 q_0 会使电容的两极板产生相互吸引的力，这个力与连接在极板上的弹簧产生的反力平衡。以 x_0 表示两个极板间的距离，x_1 表示弹簧

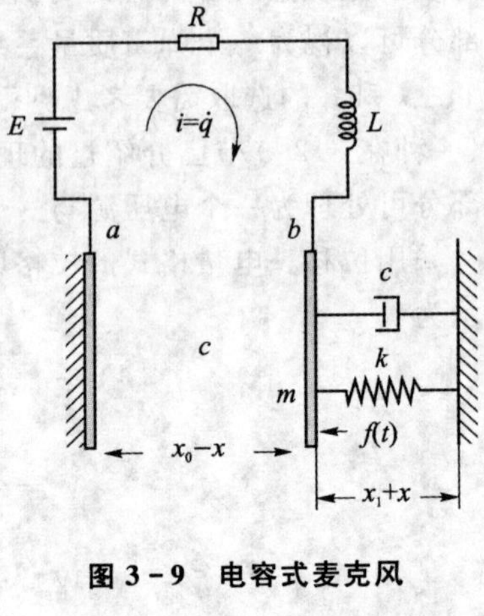

图 3-9　电容式麦克风

在平衡位置的伸长。接下来分析系统关于平衡位置的振动特性，假设可动极板电容的电容值满足：

$$C(x)=\frac{\varepsilon A}{x_0-x} \tag{3.60}$$

电容两极板的吸引力为

$$f_e=-\left(\frac{\partial W_e}{\partial x}\right)_0=-\frac{\partial}{\partial x}\left[\frac{q^2}{2C(x)}\right]_0=\frac{q_0^2}{2\varepsilon A} \tag{3.61}$$

它与弹簧弹力 kx_1 平衡，因而有

$$kx_1=\frac{q_0^2}{2\varepsilon A} \tag{3.62}$$

采用位移-电量格式的拉格朗日公式和广义坐标 x、q，各能量函数可写为

$$\begin{aligned}
T^* &= \frac{1}{2}m\dot{x}^2\\
V &= \frac{1}{2}k(x+x_1)^2\\
W_m^* &= \frac{1}{2}L\dot{q}^2\\
W_e &= \frac{1}{2C}(q_0+q)^2=\frac{x_0-x}{2\varepsilon A}(q_0+q)^2
\end{aligned} \tag{3.63}$$

式中，x 是相对于平衡位置的位移；q 是相对于平衡电量 q_0 的电量。耗散函数为

$$D=\frac{1}{2}c\dot{x}^2+\frac{1}{2}R\dot{q}^2$$

并且

$$\delta W_{nc}=E(t)\delta q+f\delta x$$

拉格朗日函数表示为

$$L=\frac{1}{2}m\dot{x}^2+\frac{1}{2}L\dot{q}^2-\frac{1}{2}k(x+x_1)^2-\frac{x_0-x}{2\varepsilon A}(q+q_0)^2$$

拉格朗日函数和耗散函数的各偏微分分别为

$$\frac{\partial L}{\partial \dot{x}}=m\dot{x}\quad \frac{\partial L}{\partial x}=-k(x+x_1)+\frac{(q_0+q)^2}{2\varepsilon A}\quad \frac{\partial D}{\partial \dot{x}}=c\dot{x}$$

$$\frac{\partial L}{\partial \dot{q}}=L\dot{q}\quad \frac{\partial L}{\partial q}=-\frac{x_0-x}{\varepsilon A}(q_0+q)\quad \frac{\partial D}{\partial \dot{q}}=R\dot{q}$$

拉格朗日方程为

$$m\ddot{x}+c\dot{x}+k(x+x_1)-\frac{(q_0+q)^2}{2\varepsilon A}=f \tag{3.64}$$

$$L\ddot{q}+R\dot{q}+\frac{x_0-x}{\varepsilon A}(q_0+q)=E \tag{3.65}$$

在静平衡时，$x=\dot{x}=\ddot{x}=0=q=\dot{q}=\ddot{q}=f$，此时式(3.64)将减缩为式(3.62)，式(3.65)将减缩为

$$E = \frac{x_0 q_0}{\varepsilon A} \tag{3.66}$$

假设 $q << q_0$ ，$x << x_0$（即系统关于平衡位置作小幅振动），有

$$(q_0 + q)^2 \approx q_0^2 + 2q_0 q$$

$$(x_0 - x)(q_0 + q) \approx x_0 q_0 - q_0 x + x_0 q$$

再利用式(3.62)和式(3.66)，那么式(3.64)和式(3.65)可以分别表示为

$$m\ddot{x} + c\dot{x} + kx - \frac{q_0 q}{\varepsilon A} = f \tag{3.67}$$

$$L\ddot{q} + R\dot{q} - \frac{q_0 x}{\varepsilon A} + \frac{x_0 q}{\varepsilon A} = 0 \tag{3.68}$$

定义：

$$C_0 = \frac{\varepsilon A}{x_0} \quad T = \frac{q_0}{\varepsilon A} \tag{3.69}$$

分别表示在平衡位置的等效电容和系统中机械部分与电路部分的耦合系数（T 的单位可以是牛顿/库仑，也可以是福特/米）。那么，在平衡位置的小扰动振动的方程可以表示为

$$m\ddot{x} + c\dot{x} + kx - Tq = f \tag{3.70}$$

$$L\ddot{q} + R\dot{q} + q/C_0 - Tx = 0 \tag{3.71}$$

从这两个方程可以计算出电压输出（电阻两端的电势降）和移动极板上的激励力之间的传递函数，读者可将这作为一个练习自行推导。我们将继续介绍在在振动控制中三种极为重要的机电耦合系统：惯性质量作动器、电动力隔振器和地震监测仪。

3.5.4 惯性质量作动器

惯性质量作动器（见图 3-10）在很多振动控制的场合都得到了应用，其构成为：一个（用于传递力的）质量块与支撑结构通过弹簧、阻尼和力作动器相连，该作动器可以是液压式的也可以是电磁式的。在这里假设它是一个电磁式作动器，由一个动圈式换能器实现，其换能器常数为 T，且由电流源 i 激励。动力学模型中的弹簧由一个线性薄膜结构实现，整个系统如图 3-10 所示。采用位移-电量格式的拉格朗日公式，系统只有一个广义坐标 x；由于电流源的引入，q 不是广义变量，且有 $\dot{q} = i$ 。拉格朗日函数中的各项与扬声器系统相同：

$$L = T^* + W_m^* - V = \frac{1}{2}m\dot{x}^2 + \frac{1}{2}L\dot{q}^2 + T\dot{q}(x - x_0) - \frac{1}{2}kx^2$$

耗散函数同样相同：

$$D = \frac{1}{2}c\dot{x}^2 + \frac{1}{2}R\dot{q}^2$$

需要注意的是，虽然在 W_m^* 中出现电感 L，耗散函数 D 中也有关于电阻 R 的项，但因为 q 不再是广义坐标，所以它们不会出现在最后的结果中。因为我们使用的是电流

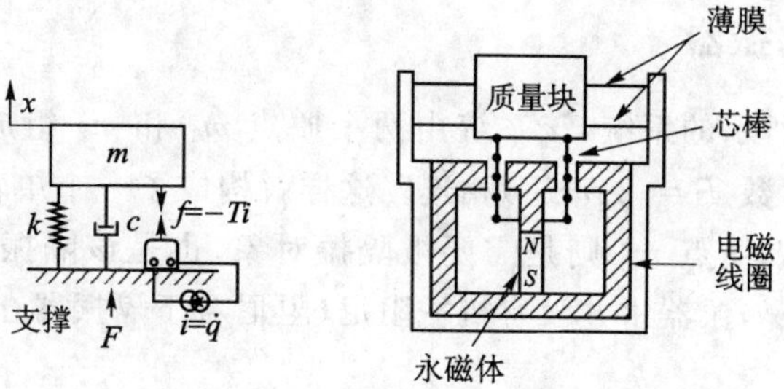

(a) 动力学模型　　(b) 电磁作动器设计方案

图 3-10　惯性质量作动器

源，所以 $\delta W_{nc}=0$。关于 x 坐标的拉格朗日方程可以写为

$$m\ddot{x}+c\dot{x}+kx=Ti$$

或者在拉普拉斯域中的表示如下：

$$x=\frac{Ti}{ms^2+cs+k} \tag{3.72}$$

式中，s 为拉普拉斯变量。在支撑上的总作用力与质量块的惯性力相反：

$$F=-ms^2x=\frac{-ms^2Ti}{ms^2+cs+k}$$

总作用力 F 和输入电流 i 之间的传递函数为

$$\frac{F}{i}=\frac{Ts^2}{s^2+2\xi_p\omega_ps+\omega_p^2} \tag{3.73}$$

式中，T 是换能器常数：$\omega_p=(k/m)^{1/2}$ 是弹簧质量系统的固有频率；ξ_p 是阻尼系数，在实际中这个值相当高。式(3.73)的伯德图如图 3-11 所示，可见该系统可以视为一个高通滤波器，在高频段的传递比例约为 T；当频率大于 $\omega_c\approx 2\omega_p$ 时，惯性质量作动器可视作一个理想的力作动器。但它对刚体模态没有激励作用，当工作频率很低时它需要大数量级的冲程，这点在实际中是很难实现的。中高频的作动器(40Hz 及以上)则相对容易地可以通过较经济的原件实现(如扬声器技术)。

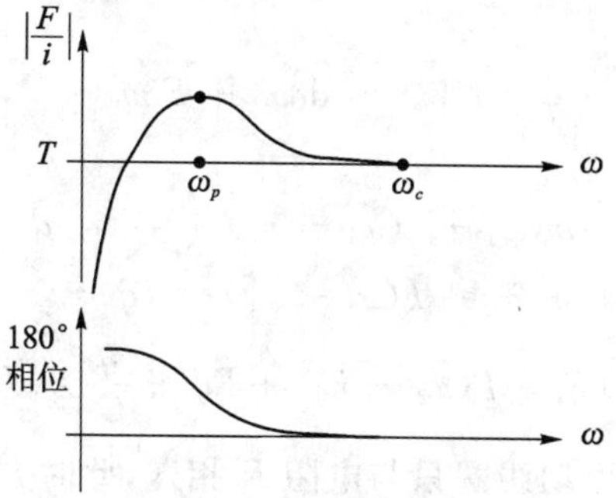

图3-11　惯性质量作动器传递函数 F/i 的伯德图

3.5.5 电动力隔振器

考察图 3-12 所示的系统，该系统由两个质点 m_1 和 m_2 组成，通过弹簧 k 和动圈式换能器（换能常数 $T = 2\pi nrB$）相连。这样就构成了一个单轴式电动力隔振器。质点 m_1 承受外力 d，质点 m_2 则是需要被隔振对象，也是该隔振器的有效载荷。从图 3-12 中看到，该隔振器中并没有机械阻尼（阻尼对于隔振器在高频段的隔振效果不利）。

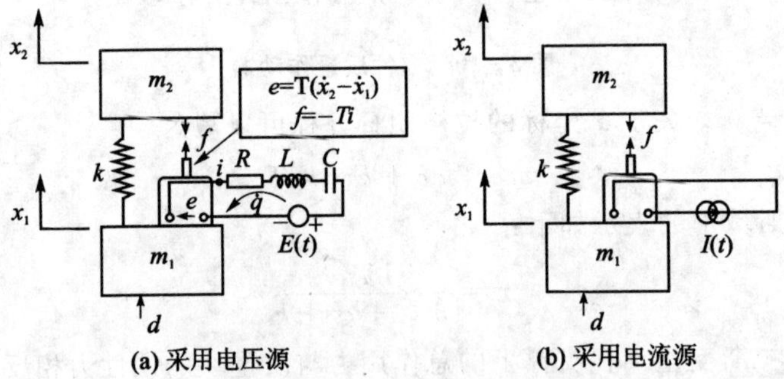

图 3-12 单轴式电动力隔振器

采用位移-电量格式的拉格朗日函数，并取广义坐标为 x_1、x_2 和 q，则图 3-12(a)中系统的拉格朗日函数可写为

$$
\begin{aligned}
L &= T^* + W_m^* - V - W_e \\
&= \frac{1}{2}m_1\dot{x}_1^2 + \frac{1}{2}m_2\dot{x}_2^2 + \frac{1}{2}L\dot{q}^2 + \\
&\quad T\dot{q}(x_2 - x_1 - x_0) - \frac{1}{2}k(x_2 - x_1)^2 - \frac{q^2}{2C}
\end{aligned}
\tag{3.74}
$$

式中，x_0 是任意参考位置，参见式(3.33)。耗散函数写为

$$D = \frac{1}{2}R\dot{q}^2 \tag{3.75}$$

并且

$$\delta W_{nc} = \mathrm{d}\delta x_1 + E\delta q \tag{3.76}$$

拉格朗日方程列为

$$m_1\ddot{x}_1 + k(x_1 - x_2) + T\dot{q} = d \tag{3.77}$$

$$m_2\ddot{x}_2 + k(x_2 - x_1) - T\dot{q} = 0 \tag{3.78}$$

$$L\ddot{q} + T(\dot{x}_2 - \dot{x}_1) + R\dot{q} + \frac{q}{C} = E \tag{3.79}$$

该系统最简单的情况是：可动线圈只与电阻 R 相连，此时方程式(3.79)可以简化为

$$T(\dot{x}_2 - \dot{x}_1) + R\dot{q} = 0 \tag{3.80}$$

这意味着：

$$T\dot{q} = -\frac{T^2(\dot{x}_2 - \dot{x}_1)}{R} \tag{3.81}$$

代入到式(3.77)和式(3.78)，可得

$$m_1\ddot{x}_1 + \frac{T^2}{R}(\dot{x}_1 - \dot{x}_2) + k(x_1 - x_2) = d \tag{3.82}$$

$$m_2\ddot{x}_2 + \frac{T^2}{R}(\dot{x}_2 - \dot{x}_1) + k(x_2 - x_1) = 0 \tag{3.83}$$

此时，系统中电路部分等效于机械阻尼 T^2/R。

如果将电流源接入可移动芯棒[见图 3-12(b)]，那么 q 就不再是广义坐标，并且 $\dot{q}=i$；系统的拉格朗日函数写为

$$L = \frac{1}{2}m_1\dot{x}_1^2 + \frac{1}{2}m_2\dot{x}_2^2 + Ti(x_2 - x_1 - x_0) - \frac{1}{2}k(x_2 - x_1)^2 \tag{3.84}$$

并且有 $\delta W_{nc} = d\delta x_1$，拉格朗日方程可以写为

$$m_1\ddot{x}_1 + k(x_1 - x_2) + Ti = d \tag{3.85}$$

$$m_2\ddot{x}_2 + k(x_2 - x_1) + Ti = 0 \tag{3.86}$$

这两个方程也可以作为主动悬架的分析基础。

3.5.6　天钩阻尼器

方程式(3.83)定义了一个被动的隔振器，电阻耗散了动圈式换能器中的电能，从而为系统带来了阻尼效果。隔振器的传递率定义为扰动源的位移 x_1 和有效载荷(被隔离对象)的位移 x_2 之间的传递函数：

$$\frac{x_2(s)}{x_1(s)} = \frac{T^2 s/R + k}{m_2 s^2 + T^2 s/R + k} = \frac{2\xi\omega_n s + \omega_n^2}{s^2 + 2\xi\omega_n s + \omega_n^2} \tag{3.87}$$

式中，$\omega_n^2 = k/m_2$；$T^2/Rm_2 = 2\xi\omega_n$。换能器常数 T 和电阻值 R 的选取可以使共振峰平缓，但是阻尼也会影响系统在高频阶段的隔振效果，因为上述传递函数趋近于 s^{-1}，会导致高频的衰减系数为 −20dB/decade。

天钩阻尼器利用恰当的反馈策略，保证传递率的衰减趋于 s^{-2}，从而达到对共振峰的削减作用。它的实现如图 3-12(b)所示，是将一个绝对加速度传感器连接在 m_2 上从而产生一个正比于绝对速度的反馈控制力(也可采用绝对速度传感器)：

$$I = -g\dot{x}_2$$

代入到方程式(3.86)中，可以得到(拉普拉斯变换后)

$$m_2 s^2 x_2 + k(x_2 - x_1) + Tgsx_2 = 0 \tag{3.88}$$

即

$$\frac{x_2(s)}{x_1(s)} = \frac{k}{m_2 s^2 + Tgs + k} = \frac{\omega_n^2}{s^2 + 2\xi\omega_n s + \omega_n^2} \tag{3.89}$$

式中，$2\xi\omega_n = Tg/m_2$。与式(3.87)比较，这个结果表明，可以通过调整反馈增益 g 达到减振作用，同时衰减率为 s^{-2} (与 g 无关)，对应于高频衰减系数为 −40dB/decade。

3.5.7 地震监测仪

地震监测仪可以视为一种在高于边界频率的频段内工作的绝对速度传感器，且该边界频率与换能器的机械结构有关。此外，地震监测仪的内部反馈还允许人们针对特定的应用场合改变监测仪的边界频率。如图 3 - 13 所示，该系统由一个弹簧质量系统和两个独立的动圈式换能器组成。左边的换能器（换能器常数为 T_1）连接电流源 $I(t)$用于系统的内部反馈。另外一个（换能器常数为 T_2）作为传感器对外界输出。线圈的电感为 L；电阻 R 两端的电势差作为监测仪的输出电压 V。x_0 为结构的绝对位移（系统的输入量），x 为质量的位移。注意，电流 $\dot{q}_1 = i$ 需要与电流源电流 $\dot{q}_1 = I$ 相等。因此，在位移-电量格式的拉格朗日公式中，只有两个自变量，分别为 x 和 q_2。系统的拉格朗日函数为

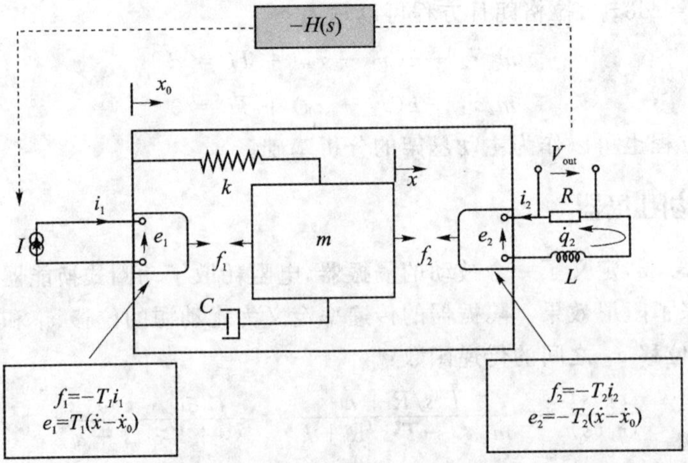

图 3 - 13 含有两个动圈式换能器的地震监测仪

$$L = \frac{1}{2}m\dot{x}^2 + T_1 I(x - x_0) - T_2 \dot{q}_2 (x - x_0) + \frac{1}{2}L\dot{q}_2^2 - \frac{1}{2}k(x - x_0)^2 \quad (3.90)$$

耗散函数为

$$D = \frac{1}{2}c(\dot{x} - \dot{x}_0)^2 + \frac{1}{2}R\dot{q}_2^2 \quad (3.91)$$

在拉格朗日函数中两个换能器的能量函数符号相反，是由 x 正方向的设置造成的[同时，在采用式(3.33)时，其中的参考点设置为 $x=0$ 处]。系统的拉格朗日方程为

$$m\ddot{x} + c(\dot{x} - \dot{x}_0) + k(x - x_0) - T_1 I + T_2 \dot{q}_2 = 0 \quad (3.92)$$

$$L\ddot{q}_2 - T_2(\dot{x} - \dot{x}_0) + R\dot{q}_2 = 0 \quad (3.93)$$

将相对位移 $y = x - x_0$ 引入，上述方程可重写为

$$m\ddot{y} + c\dot{y} + ky - T_1 I + T_2 \dot{q}_2 = - m\ddot{x}_0 \quad (3.94)$$

$$L\ddot{q}_2 + R\dot{q}_2 - T_2 \dot{y} = 0 \quad (3.95)$$

将式(3.95)进行拉普拉斯变换，可得

$$V_{out} = Rsq_2 = \frac{RT_2 s}{Ls + R} y \tag{3.96}$$

如果电阻无穷大($R \to \infty$)，有

$$V_{out} \approx T_2 sy \tag{3.97}$$

另一方面，从式(3.94)可知：

$$(ms^2 + cs + k)y + T_2 sq_2 = T_1 I - ms^2 x_0 \tag{3.98}$$

与式(3.96)结合，可得

$$\left[ms^2 + \left(c + \frac{T_2^2}{Ls + R}\right)s + k\right]y = T_1 I - ms^2 x_0 \tag{3.99}$$

当 R 的值很大时，动圈式换能器的阻尼贡献 $T_2^2/(Ls+R)$ 可以忽略不计，式(3.98)可以近似为

$$(ms^2 + cs + k)y = T_1 I - ms^2 x_0 \tag{3.100}$$

结合式(3.97)，可得

$$(ms^2 + cs + k)V_{out} = T_2 T_1 sI - T_2 ms^2 x_0 \tag{3.101}$$

接着，考虑在系统中采用在比例积分(PI)的反馈控制策略，使输入电流 I 和输出电压 V 的关系满足：

$$I = -H(s)V_{out} = -\left(g_1 + \frac{g_2}{s}\right)V_{out} \tag{3.102}$$

式中，g_1 和 g_2 分别是比例增益和积分增益，从式(3.102)，可得

$$T_2 T_1 sI = -(T_2 T_1 g_1 s + T_2 T_1 g_2)V_{out} \tag{3.103}$$

代入式(3.101)，可得

$$[ms^2 + (c + T_2 T_1 g_1)s + (k + T_2 T_1 g_2)]V_{out} = -T_2 ms^3 x_0 \tag{3.104}$$

或者

$$\frac{V_{out}}{sx_0} = \frac{-T_2 ms^2}{ms^2 + (c + T_2 T_1 g_1)s + k + T_2 T_1 g_2} \tag{3.105}$$

所以，输出电压 V_{out} 和输入绝对速度 sx_0 之间的传递函数是一个具有渐进增益 T_2 的二阶高通滤波器(此渐进增益就是图 3-13 中右侧动圈式换能器的换能器常数)。在某些边界频率处，系统可视作绝对速度换能器。当没有反馈系统时($g_1 = g_2 = 0$)，换能器的边界频率是换能器的固有频率，当比例积分反馈系统引入时，边界频率和换能器的阻尼可以由适当的 g_1 和 g_2 的值确定。并且，当 g_2 为负数时系统的机械刚度会减小。换能器常数 T_1 也是该系统的一个设计参数。

3.5.8　单轴式磁悬浮系统

两个不同相对磁导率的材料(如空气和铁)之间会产生磁阻力，磁阻力垂直于材料表面，它的大小正比于材料相对磁导率之差。在 3.5.1 节关于电磁活塞的讨论中，已论及磁阻。磁阻力也可以用于克服重力使物体悬浮，从而达到减小摩擦的效果。考虑如图 3-14 所示的单轴式磁悬浮系统的基本单元，其中出现的电流源意味着磁悬浮系统通常采用电流放大器进行控制。

采用位移-电量格式的拉格朗日函数，广义坐标只有位移 x，系统的拉格朗日函数为

$$L = T^* - V + W_m^* = \frac{1}{2}m\dot{x}^2 + mgx + \frac{1}{2}L(x)i^2 \tag{3.106}$$

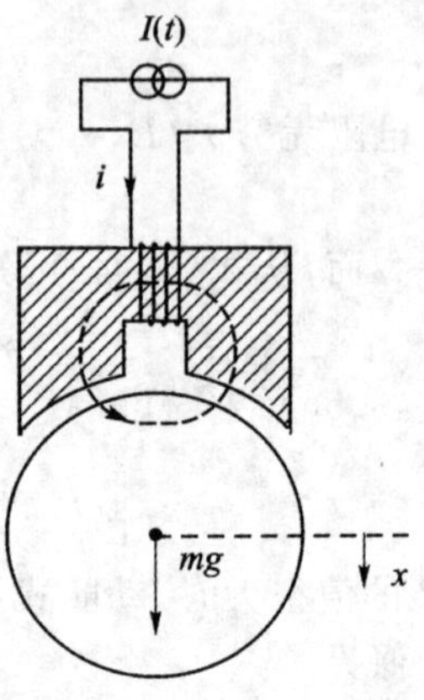

图 3-14　单轴式磁悬浮系统

拉格朗日方程为

$$m\ddot{x} - mg - \frac{i^2}{2}L'(x) = 0 \tag{3.107}$$

从该式中可以看出，系统是由惯性力、重力和磁阻力三力平衡的。系统的平衡点设为磁阻力与重力相抵消的点：

$$mg = -\frac{i_0^2}{2}L'(x_0) \tag{3.108}$$

我们考察磁阻力在平衡点周围的变化：

$$f(i,x) = \frac{-\partial W_m^*}{\partial x} = f(i_0,x_0) + \left(\frac{\partial f}{\partial i}\right)_{i_0,x_0}(i-i_0) + \left(\frac{\partial f}{\partial x}\right)_{i_0,x_0}(x-x_0) + h.o.t$$

$$= -\frac{i_0^2}{2}L'(x_0) - L'(x_0)i_0\Delta i - \frac{i_0^2}{2}L''(x_0)\Delta x \tag{3.109}$$

其中，Δi 和 Δx 是相对于平衡点的电流和位移增量。第一项由重力平衡后，磁阻力的变化量写为

$$\Delta f = -L'(x_0)i_0\Delta i - \frac{i_0^2}{2}L''(x_0)\Delta x = k_i\Delta i + k_x\Delta x \tag{3.110}$$

式中，k_i 是力电转换因子；k_x 是系统在平衡点时的支撑刚度；可以从图 3-15 中看出。当 k_x 为负时，作用在系统上的任意扰动载荷都会造成系统从平衡位置的偏离，从而增加系统的不平衡量。这样的系统是不稳定的，需要用一个反馈系统控制位移增量 Δx 和电流增量 Δi 的关系，使系统达到稳定。

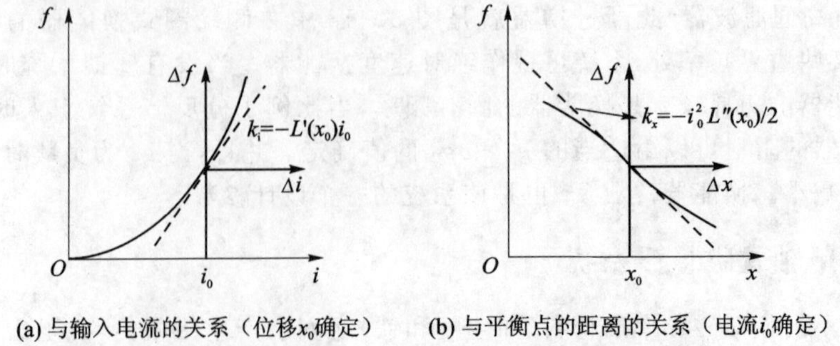

图 3-15　磁阻力在平衡点附近的变化

3.6　广义机电耦合换能器

3.6.1　本构方程

广义的机电耦合换能器的本构关系都可以按图 3-16 中所示进行理解和建模，中间的“黑箱”代表着电能和机械能之间的转换关系。在拉普拉斯域上，其本构关系可以表示为

$$e = Z_e i + T_{em} V \tag{3.111}$$

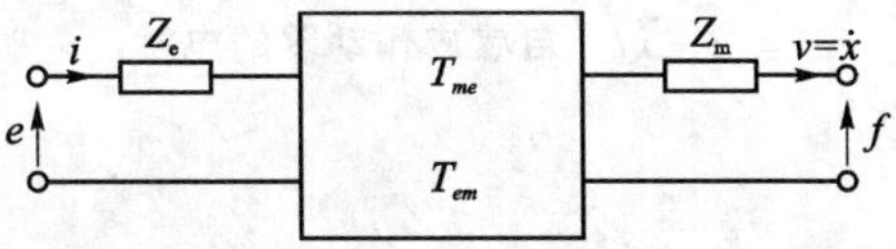

图 3-16　机电耦合换能器输入输出关系图

$$f = T_{me} i + Z_m V \tag{3.112}$$

式中，e 是电路两端输入电压的拉普拉斯形式；i 是输入电压；f 是机械系统上的载荷力；v 是机械系统的速度。Z_e 是当速度为零时的阻滞电阻抗；T_{em} 是表征机械系统中每单位速度产生电路中的电压(伏特·秒/米)的传递系数；T_{me} 是表征单位电流产生的在机械系统中的作用力(牛顿/安培)的传递系数；Z_m 表示当电路为开路时的机械阻抗。以电磁扬声器为例，式(3.59)中，可以写出：$Z_e = Ls + R, Z_m = ms + c + k/s, T_{em} = T, T_{me} = -T$。在下一章中会对压电系统进行类似的分析说明。

当没有外力($f=0$)时，速度 v 可由上述两个本构关系消去，可得

$$e = \left(Z_e - \frac{T_{em} T_{me}}{Z_m}\right) i$$

$-T_{em} T_{me}/Z_m$ 称为动阻抗。驱动点的总电阻抗是阻滞阻抗和动阻抗之和。

3.6.2　自感应

方程式(3.111)说明，任何机电耦合换能器电路端的输出电压由一个与电流成正比的电压和一个与机械输出端的速度成正比的电压组成。那么，从总电压中减去电路部分产生的电压 $Z_e i$，剩下的部分即与速度成比例。图 3-17 所示的电桥结构可实现这一功能，电桥的电路方程如下所示，对于包含换能器的那个分支：

$$e = Z_e I + T_{em} v + Z_b I$$

$$I = \frac{1}{Z_e + Z_b}(e - T_{em} v)$$

$$V_4 = Z_b I = \frac{Z_b}{Z_e + Z_b}(e - T_{em} v)$$

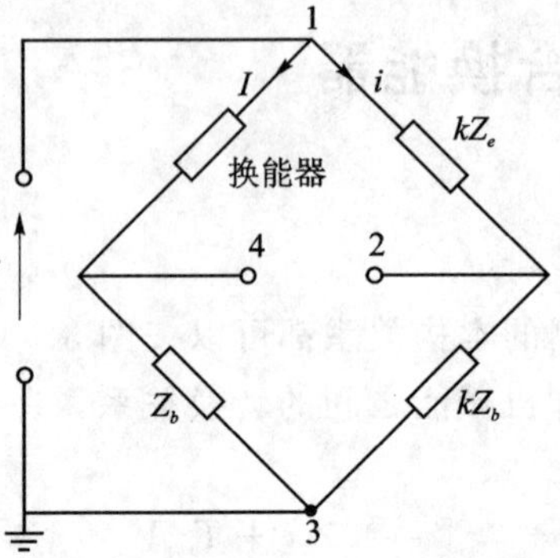

图 3-17　自感应作动器的电桥

对于其他分支：

$$e = kZ_e i + kZ_b i$$

$$V_2 = kZ_b i = \frac{Z_b}{Z_e + Z_b} e$$

那么电桥的输出为

$$V_4 - V_2 = \left(\frac{-Z_b T_{em}}{Z_e + Z_b}\right) v \tag{3.113}$$

该式实际上是关于速度的线性表达形式。需要注意的是，$-Z_b T_{em}/(Z_e + Z_b)$ 有滤波的作用，电桥的阻抗 Z_b 需要与换能器的阻抗 Z_e 数量级相同，才能避免在测试频带内输出电压 $V_4 - V_2$ 与速度传递函数的幅值失真和相位的漂移。自感应的压电驱动器会在第 6 章中进行详细的介绍。

3.7　参考文献

[1] CRANDALLS H，KARNOPPD C，KURTZE FJr，et al. Dynamics of Mechanical and Electromechanical Systems[M]. New York：McGraw - Hill，1968.

[2] D'AZZOJ J，HOUPISC H. Feedback Control System Analysis and Synthesis [M]. 2nd ed. New York：McGraw - Hill，1966.

[3] DE BOERE，Theory of Motional Feedback[J]. IRE Transaction on Audio，1961，(1)，15 - 21.

[4] HUNTF V. Eletroacoustics：The Analysis of Transductionand its Historical Background [J]. Harvard Monographs in Applied Science，1954，No 5.

[5] KARNOPPD C，TRIKHAA K. Comparative Study of optimization techniques for shock and vibration isolation[J]. Trans. ASME，J of Engineering for Industry，1969，Series B，91，1128 - 1132.

[6] PRATTJ，FLATAUA. Development an analysis of self - sensing magnetostric-

tive actuator design [J]. SPIE Smart Materials and Structures Conference,1993 (1917).
[7] SCHWEITZERG,BLEULERH,TRAXLERA. Active Magnetic Bearings [M]. vdf Hochschulverlag AG an der ETH Zurich,1994.
[8] WILLIAMSJ H Jr. Fundamentals of Applied Dynamics[M]. New York：Wiley,1996.
[9] WOODSONH H，MELCHERJ R. Electromechanical Dynamics,Part I:Discrete Systems[M]. New York：Wiley,1968.

第 4 章 压电系统

4.1 引 言

压电材料可以归类为智能材料或者是多功能材料,这些材料可以在不同的物理场中对激励产生反应。图 4-1 中介绍了各种材料对应于不同的输入(力、电、磁、热、光)所产生的响应。非对角线元素表述了不同物理场间的耦合关系。如果耦合系数较为显著,该种材料可以用于制造各种换能器,可作为传感器、作动器,甚至可以集成到各种形式和复杂度的多物理场系统中(例如光纤),使这些系统具有可控性,同时可以对环境作出响应(例如,可用于形状变形、精确形状控制、故障检测、振动抑制等)。

输入 \ 输出	应力	电荷	磁通量	温度	光
应力	弹性	压电性	磁致伸缩性		光弹性
电场	压电性	介电性			光电性
磁场	磁致伸缩性	电磁效应	磁导性		磁光性
热量	热伸缩性	热电性		比热	
光	光致伸缩性	光生伏特性			折射性

图 4-1 材料的各种输入、输出关系,非对角元素为智能材料

图 4-2 总结了可以在结构控制中作为作动器的一些智能材料的力学特性。图 4-2(a)给出了最大(阻滞)应力与最大(自由)应变之比,对角线为等能量密度线。图 4-2(b)给出了能量质量密度与最大频率的关系;对角线为等能量密度线。值得注意的是,各种材料的参数是在不同的量级中变化。在所有的这些智能材料中,压电材料无疑是最成熟,也是应用得最多的。

在本章中,首先分析一维离散压电换能器,以及其中机械能与电能的转换关系。从本构方程得到压电系统的机电耦合能量和余能的表达式。然后,考虑了含有单个压电换能器的机械结构,得到该系统拉格朗日方程,再深入到含有多个压电作动器的组合系统。本章余下的部分着重介绍了一般压电结构哈密顿原理和拉格朗日方程。最后,以罗斯压电变压器为例说明了拉格朗日方程在压电系统中的应用。

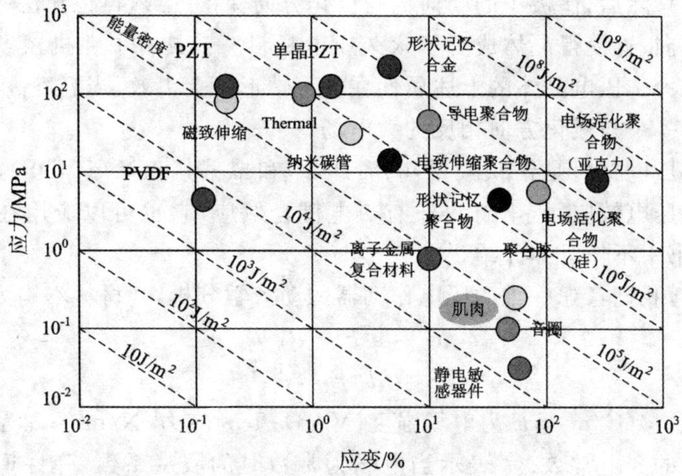

(a) 最大应力和最大应变

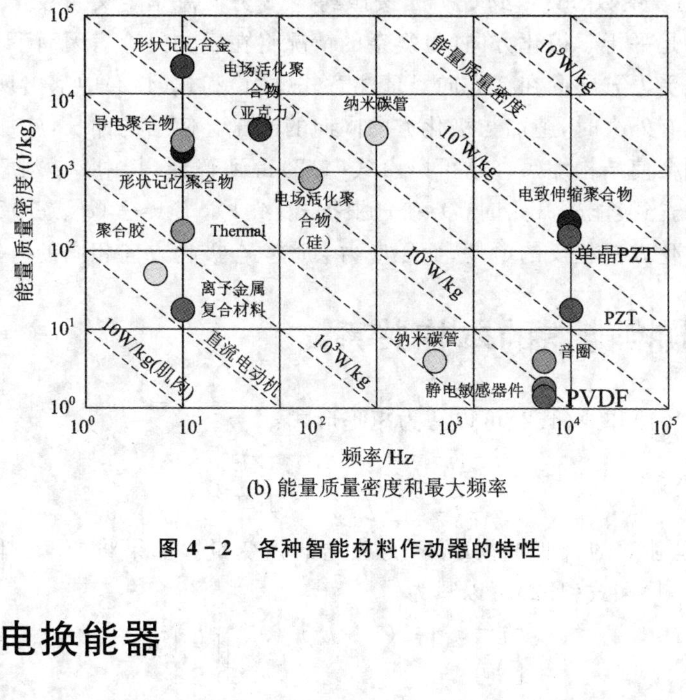

(b) 能量质量密度和最大频率

图 4-2　各种智能材料作动器的特性

4.2　压电换能器

压电效应是由居里兄弟于 1880 年发现的。正压电效应是指当某些晶体材料表面承受压力时会产生与压力成比例的电压,利用此效应可构建力作动器;逆压电效应则是指当材料表面施加电压时,材料会发生变形。压电效应是各向异性的,只有晶体结构无中心对称性的材料才会展现出该效应。需要注意的是,压电陶瓷需要在居里温度以下才具有压电效应。在此条件下,(未极化的)晶体内部含有偶极子,但是这些偶极子的朝向是随机的,因而晶体无法体现宏观电极性。在极化过程中,所有的晶体会经历极强的电场,使所有偶极子的朝向趋于统一,这造就了晶体宏观上的电极性。

当外加电场被移除后，偶极子的朝向仍与极化方向保持一致，再也无法回到它们未极化时的随机朝向，这使得晶体成为了永久压电材料——具有了在机械场和电场之间交换能量的能力。压电晶体的上述属性在如下情形下会失效：当温度高于居里温度；或当晶体承受一个与极化方向相反的大电场。

最常用的压电材料是锆钛酸铅陶瓷（PZT）和聚偏氟乙烯（PVDF），后者是一种聚合物。除了压电效应，压电材料还有热电耦合效应，它也可以应用在温度传感器上，这点在本书中不作具体介绍。

在本节中，我们考虑一维的压电作动器的动力学分析，其材料本构为

$$D = \varepsilon^T E + d_{33} T \tag{4.1}$$

$$S = d_{33} E + s^E T \tag{4.2}$$

式中，D 为电位移（C/m^2）；E 为电场强度（V/m）；T 为应力（N/m^2）；S 为应变。ε^T 表示在常应力下的介电常数；s^E 表示当电场为常数时的服从系数（弹性模量的倒数）；d_{33} 表示机电耦合系数（m/V 或 C/N），按照约定，3 方向总是定义为极化方向，同时假设电场方向总是平行于极化方向（更复杂的情况将在后文讨论），因而下标 33 表示极化方向和机械受力方向同在 3 方向。请注意式（4.1）和式（4.2）中都出现了常数 d_{33}。

当结构没有外力时，施加与极化方向同向的电压会使结构伸长，施加与极化方向反向的电压则会使结构缩短。这可以由式（4.2）得到解释，其中 d_{33} 为正。与之对应（逆压电效应），当换能器开路时（D=0），根据式（4.1），$E = -(d_{33}/\varepsilon^T)T$，表示拉应力会产生与极化方向相反的电场，而压应力会产生与极化方向相同的电场。

4.3 离散换能器的本构关系

方程 式（4.1）和式（4.2）可以写为矩阵形式：

$$\begin{bmatrix} D \\ S \end{bmatrix} = \begin{bmatrix} \varepsilon^T & d_{33} \\ d_{33} & s^E \end{bmatrix} \begin{bmatrix} E \\ T \end{bmatrix} \tag{4.3}$$

式中，(E, T) 是独立的自变量；(D, S) 为独立的因变量。如果将 (E, S) 作为自变量，那么方程式（4.1）和式（4.2）可以写为

$$\begin{bmatrix} D \\ T \end{bmatrix} = \begin{bmatrix} \varepsilon^T (1 - k^2) & e_{33} \\ -e_{33} & c^E \end{bmatrix} \begin{bmatrix} E \\ S \end{bmatrix} \tag{4.4}$$

式中，$c^E = 1/s^E$ 为电场 $E=0$（短路）的弹性模量，单位为 N/m^2；$e_{33} = d_{33}/s^E$ 为 d_{33} 与弹性模量的比，既可以表示为当电极短路时应变与电位移之比，也可以表示结构被阻滞（S=0）时电场强度与应力之比。另外，

$$k^2 = \frac{d_{33}^2}{s^E \varepsilon^T} = \frac{e_{33}^2}{c^E \varepsilon^T} \tag{4.5}$$

式中，k 为材料的机电耦合系数，它表示机械能与电能之间的相互转换效率。由式（4.4）可知，$\varepsilon^T(1-k^2)$ 是在零应变下的介电常数。

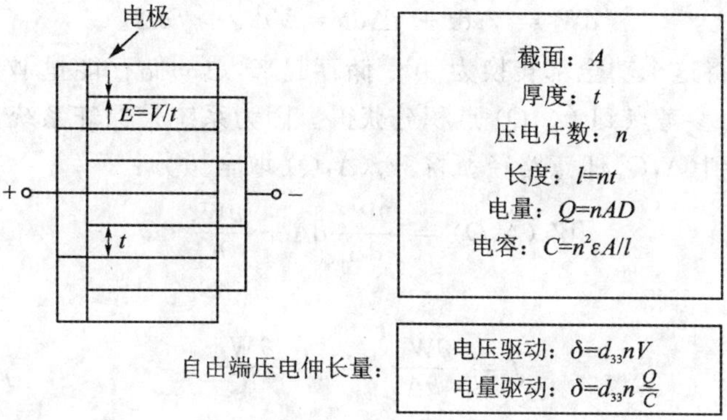

图 4-3　线性压电换能器

图 4-3 中的线性作动器是由 n 片厚度为 t，横截面积为 A 的完全相同的均质压电片组成。将式(4.3)和式(4.4)在整个换能器的体积上进行积分，可得换能器的整体本构方程为

$$\begin{bmatrix} Q \\ \Delta \end{bmatrix} = \begin{bmatrix} C & nd_{33} \\ nd_{33} & 1/K_a \end{bmatrix} \begin{bmatrix} V \\ f \end{bmatrix} \tag{4.6}$$

或写为

$$\begin{bmatrix} Q \\ f \end{bmatrix} = \begin{bmatrix} C(1-k^2) & nd_{33}K_a \\ -nd_{33}K_a & K_a \end{bmatrix} \begin{bmatrix} V \\ \Delta \end{bmatrix} \tag{4.7}$$

式中，$Q = nAD$ 是换能器电极上产生的总电荷量；$\Delta = Sl$ 是换能器产生的总变形(其中 $l = nt$，为换能器总长度)；$f = AT$ 为总作用力；V 为作动器两端电压，用以产生 $E = V/t = nV/l$ 的电场；$C = \varepsilon^T An^2/l$ 为无外载荷($f=0$)时的电容；$K_a = A/s^E l$ 是换能器短路($V=0$)时的刚度。注意，系统的机电耦合系数还可以写为

$$k^2 = \frac{d_{33}^2}{s^E \varepsilon^T} = \frac{n^2 d_{33}^2 K_a}{C} \tag{4.8}$$

式(4.6)可以整理为

$$\begin{bmatrix} V \\ f \end{bmatrix} = \frac{K_a}{C(1-k^2)} \begin{bmatrix} 1/K_a & -nd_{33} \\ -nd_{33} & C \end{bmatrix} \begin{bmatrix} Q \\ \Delta \end{bmatrix} \tag{4.9}$$

从中可知，换能器为开路($Q=0$)时刚度为 $K_a/(1-k^2)$，当机械场无变形($\Delta=0$)时电容为 $C(1-k^2)$。一般情况下，k 的取值范围为 0.3～0.7；当 k 较大时，随着电路的边界条件的改变，系统的机械刚度会发生较大幅度的改变，电容也会随机械部分的边界条件发生显著的变化。

接下来，与第 3 章中对可移动极板电容系统的处理相同，压电系统也可以用同样的方法列出机电耦合能量函数和余能函数。

如图 4-4 所示，对于离散压电换能器，通过换能器的总功率为电功率 Vi 和机械功率 $f\dot{\Delta}$ 之和，其净功为

$$dW = Vi\,dt + f\dot{\Delta}\,dt = VdQ + fd\Delta \tag{4.10}$$

对于保守系统，将这个功全部转换为 dW_e 储存起来，总的储存能量 $W_e(\Delta,Q)$ 可以通过对式(4.10)由参考点到 (Δ,Q) 点积分获得。因为系统是保守系统，所以积分路径可以为从(0,0)到(Δ,Q)任意路径。将 $W_e(\Delta,Q)$ 取全微分：

$$dW_e(\Delta,Q) = \frac{\partial W_e}{\partial \Delta}d\Delta + \frac{\partial W_e}{\partial Q}dQ \tag{4.11}$$

与式(4.10)相比，可得

$$f = \frac{\partial W_e}{\partial \Delta} \quad \mathrm{V} = \frac{\partial \mathrm{W_e}}{\partial \mathrm{Q}} \tag{4.12}$$

将式(4.9)代入到式(4.10)，消去 f 和 V，有

$$dW_e = VdQ + fd\Delta$$

$$= \frac{QdQ}{C(1-k^2)} - \frac{nd_{33}K_a}{C(1-k^2)}(\Delta dQ + Qd\Delta) + \frac{K_a}{1-k^2}\Delta d\Delta$$

它是下式的全微分形式：

$$W_e(\Delta,Q) = \frac{Q^2}{2C(1-k^2)} - \frac{nd_{33}k_a}{C(1-k^2)}Q\Delta + \frac{K_a}{1-k^2}\,\frac{\Delta^2}{2} \tag{4.13}$$

这是离散压电换能器所储存的总能量的解析表达式。通过式(4.12)即可获得换能器的本构关系。总能量表达式的第一项为在电容 $C(1-k^2)$（对应于结构变形 $\Delta=0$ 时）中储存的电能；第二项为压电能；第三项为传感器弹簧刚度 $K_a/(1-k^2)$（对应于电路为开路 $Q=0$ 时）中储存的应变能。从图 4-5 可知，式(4.13)的最后一项对应于沿 $(0,0)\to(\Delta,0)$ 的直线路径对式(4.10)进行积分的结果，式(4.13)的前两项对应于沿 $(\Delta,0)\to(\Delta,Q)$ 的直线路径对式(4.10)进行积分的结果。

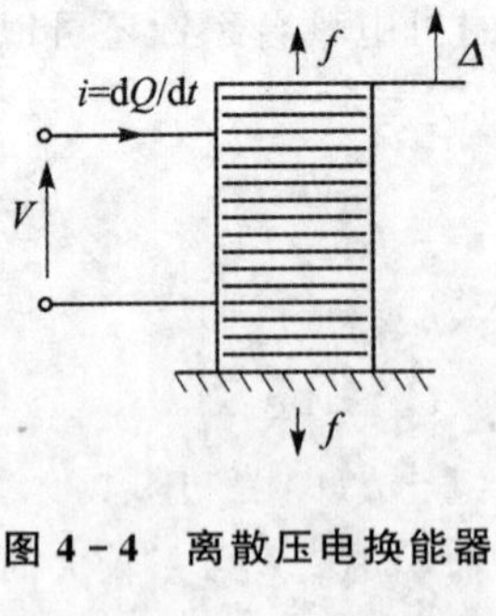

图 4-4　离散压电换能器

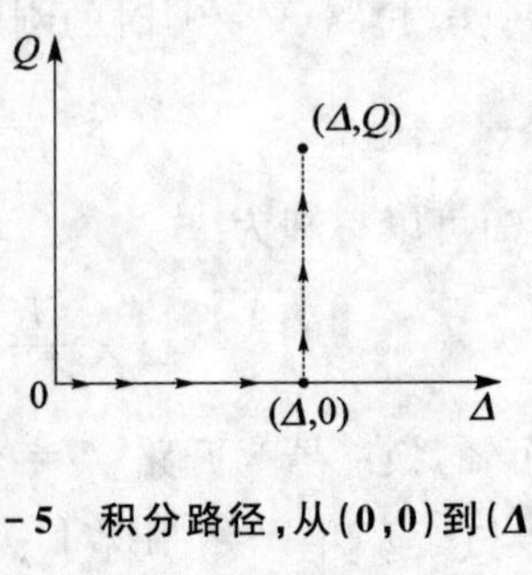

图 4-5　积分路径，从(0,0)到(Δ,Q)

与对可动极板电容的处理相似，本节中的余能函数也可通过勒让德变换表示为

$$W_e^*(\Delta,V) = VQ - W_e(\Delta,Q) \tag{4.14}$$

对余能取全微分，并利用式(4.12)，可得

$$dW_e^* = QdV + VdQ - \frac{\partial W_e}{\partial \Delta}d\Delta - \frac{\partial W_e}{\partial Q}dQ$$

$$dW_e^* = QdV - fd\Delta \tag{4.15}$$

这说明：

$$Q=\frac{\partial W_e^*}{\partial V}\quad f=-\frac{\partial W_e^*}{\partial \Delta} \tag{4.16}$$

将本构方程式(4.7)代入式(4.15)，可得

$$\begin{aligned} dW_e^* &= [C(1-k^2)V+nd_{33}K_a\Delta]dV+(nd_{33}K_aV-K_a\Delta)d\Delta \\ &= C(1-k^2)VdV+nd_{33}K_a(\Delta dV+Vd\Delta)-K_a\Delta d\Delta \end{aligned}$$

是下式的全微分形式：

$$W_e^*(\Delta,V)=C(1-k^2)\frac{V^2}{2}+nd_{33}K_aV\Delta-K_a\frac{\Delta^2}{2} \tag{4.17}$$

这便是离散压电换能器的余能函数的解析表达式。等式右端的第一项代表电容 $C(1-k^2)$(换能器不变形，$\Delta=0$)中的电余能；第二项为压电余能，由于存在均匀电场 $E=nV/l$ 和均匀应变场 $S=\Delta/l$。所以此项还可写为

$$\int_\Omega = Se_{33}Ed\Omega \tag{4.18}$$

其积分在换能器的体积 Ω 上进行。也可以将式中的 $V=\dot{\lambda}$，从而得到拉格朗日函数的磁通量表达式。第三项为在弹簧 K_a(电路为断路状态，$Q=0$)中储存的应变能。

下面介绍系数 k^2 的意义。

对一个压电换能器，考虑其承受如下机械载荷历程：首先，电极短路，施加大小为 F 的力，可以得到变形为

$$\Delta_1=\frac{F}{K_a}$$

式中，$K_a=A/(s^El)$为系统的短路刚度，那么系统中储存的能量为

$$W_1=\int_0^{\Delta_1} f dx=\frac{F\Delta_1}{2}=\frac{F^2}{2K_a}$$

此时，将传感器开路，根据此新的电边界条件，传感器将沿原轨迹线以刚度 $K_a/(1-k^2)$ 返回，返回距离为

$$\Delta_2=\frac{F(1-k^2)}{K_a}$$

在这个过程中释放的能量为

$$W_2=\int_0^{\Delta_2} f dx=\frac{F\Delta_2}{2}=\frac{F^2(1-k^2)}{2K_a}$$

至此，有 W_1-W_2 的能量仍然储存在换能器中，这与最初的总能量之比为

$$\frac{W_1-W_2}{W_1}=k^2$$

类似地，考虑如下电载荷历程：首先，在结构无约束时($f=0$)在电极上施加电压 V，这个过程中充的电量为

$$Q_1=CV$$

式中，$C=\varepsilon^TAn^2/l$ 为无约束电容，在传感器中储存的电能为

$$W_1 = \int_0^{Q_1} v\mathrm{d}q = \frac{VQ_1}{2} = \frac{CV^2}{2}$$

此时,将传感器的位移约束,并撤去外接电压源,这个过程中释放的电量为

$$Q_2 = C(1-k^2)V$$

式中,电容是系统的阻滞电容。在这个过程中释放的能量为

$$W_2 = \int_0^{Q_2} v\mathrm{d}q = \frac{C(1-k^2)V^2}{2}$$

相同地,仍有 $W_1 - W_2$ 的能量储存在换能器中,也可以得到关于 k^2 的表达式,其物理意义是该过程中留下的能量与原始能量之比:

$$\frac{W_1 - W_2}{W_1} = k^2$$

虽然以上的分析推导可以深入地展示机电耦合系数的物理本质,但并没有给出测量机电耦合系数 k^2 的有效途径,关于耦合系数 k^2 的测量方法(基于阻抗或导纳)会在后续的章节进行详细的介绍。

4.4 具有单个压电换能器的机械结构

考虑图 4-6 中所示的结构,假设其为线性,并且装备一个在上节中介绍过的离散换能器。同时,设换能器并联一个电流源 $I(t)$ 和一个电阻 R。采用磁通量格式的拉格朗日公式,则系统的拉格朗日函数为

$$L = T^* + W_e^* - V \tag{4.19}$$

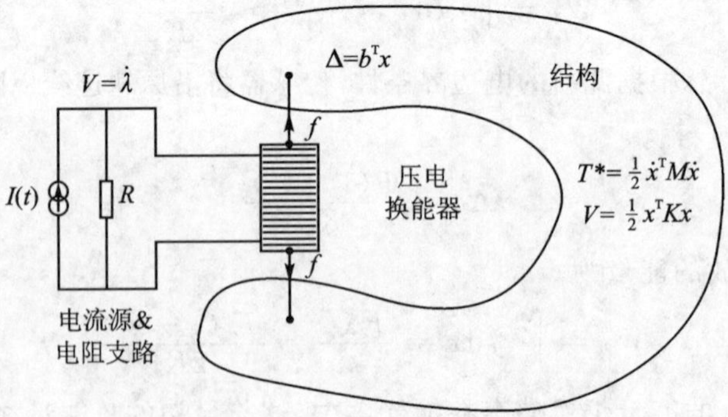

图 4-6 含有压电作动器的线性系统,并连接电流源和电阻

式中,

$$T^* = \frac{1}{2}\dot{x}^{\mathrm{T}}M\dot{x} \tag{4.20}$$

$$V = \frac{1}{2}x^{\mathrm{T}}Kx \tag{4.21}$$

为不含传感器时结构的动余能和弹性势能。此外，压电换能器的余能函数为

$$W_e^*(\dot{\lambda}) = \frac{1}{2}C(1-k^2)\dot{\lambda}^2 + nd_{33}K_a\dot{\lambda}\Delta - \frac{1}{2}K_a\Delta^2 \tag{4.22}$$

可由式(4.17)得到，其中 $\dot{\lambda} = V$ 为传感器的两端电压。将上述表达式带入拉格朗日函数表中，并令 $\Delta = b^{\mathrm{T}}x$，b 是将换能器的位移向量转换为全局坐标系的转换矩阵，拉格朗日函数可以写为

$$L = \frac{1}{2}\dot{x}^{\mathrm{T}}M\dot{x} - \frac{1}{2}x^{\mathrm{T}}(K + K_a bb^{\mathrm{T}})x + C(1-k^2)\frac{\dot{\lambda}^2}{2} + nd_{33}K_a\dot{\lambda}b^{\mathrm{T}}x \tag{4.23}$$

非保守力的虚功为

$$\delta W_{nc} = I\delta\lambda - \frac{\dot{\lambda}}{R}\delta\lambda + F\delta x \tag{4.24}$$

式中，I 是电流源的电流；F 为作用在结构上的力。注意到，电阻还可以通过下列耗散函数来处理：

$$D = \frac{\dot{\lambda}^2}{2R}$$

这样，它就不会出现在虚功的方程式(4.24)中了。同样，如果考虑系统中存在的机械阻尼，那么它也会出现在耗散函数中。这些式子是拉格朗日动力学分析的起点，关于广义坐标 x 和 $\dot{\lambda}$ 的拉格朗日方程可以写为

$$M\ddot{x} + (K + K_a bb^{\mathrm{T}})x = bK_a n\mathrm{d}_{33}V + F \tag{4.25}$$

$$\frac{\mathrm{d}}{\mathrm{d}t}[C(1-k^2)V + K_a nd_{33}b^{\mathrm{T}}x] + \frac{V}{R} = I \tag{4.26}$$

式中，$V = \dot{\lambda}$。这两个方程可以描述含有电流源时上述压电系统的动力行为，在后续分析中我们假设 $F = 0$。

4.4.1　电压源

在上述系统中，如果用一个电压源替代电流源，λ 就成了一个广义坐标(见表 3-1)，并且与之并联的电阻就不起作用。在这种情况下，只有式(4.25)是成立的。在没有外力的情况下，如果定义在电压 V 下的非约束伸长量表示为 $\delta = n\mathrm{d}_{33}V$［见式(4.6)］，则方程式(4.25)可以写为

$$M\ddot{x} + (K + K_a bb^{\mathrm{T}})x = bK_a\delta \tag{4.27}$$

因此，压电换能器作用在结构上的是一对自平衡的、沿换能器轴向的力；正如对于热载荷，其幅值等于换能器的短路刚度和未约束的压电伸长量 δ 的乘积①。从式(4.27)中可知，当换能器被短路时，$\delta = 0$，系统的特征值问题为

①这就是热类比。——原注

$$M\ddot{x}+(K+K_a bb^{\mathrm{T}})x=0 \tag{4.28}$$

或写为拉普拉斯形式：

$$Ms^2 x+(K+K_a bb^{\mathrm{T}})x=0 \tag{4.29}$$

由此可见，$K+K_a bb^{\mathrm{T}}$ 为系统在换能器短路时的总体刚度。

4.4.2 电流源

当电流源为一个理想电流源时，即令式(4.26)中的 $R\to\infty$。通过拉普拉斯转换，将式(4.26)和式(4.25)中的 V 消去，并通过一些推导易得系统的动力学方程为

$$\left[Ms^2+(K+K_a bb^{\mathrm{T}})+\frac{(K_a n\mathrm{d}_{33})^2}{C(1-k^2)}bb^{\mathrm{T}}\right]x=bnd_{33}\frac{K_a}{1-k^2}\frac{I}{sC}$$

将式(4.8)代入，可得

$$\left[Ms^2+\left(K+\frac{K_a}{1-k^2}bb^{\mathrm{T}}\right)\right]x=bnd_{33}\frac{K_a}{1-k^2}\frac{I}{sC} \tag{4.30}$$

其中，I/s 就是电量 Q，当在式(4.9)中设外力 $f=0$ 时，可得 $\delta=n\mathrm{d}_{33}Q/C$，它是传感器在电量 Q 下的自由伸长量。因此，对于一个电流源，压电换能器在结构上作用了一对平衡的压电力，其幅值等于自由伸长量和传感器开路刚度的乘积。

如果换能器开路，即式(4.30)中 $I=0$，则可获得特征值问题：

$$\left[Ms^2+\left(K+\frac{K_a}{1-k^2}bb^{\mathrm{T}}\right)\right]x=0 \tag{4.31}$$

因此，此时系统的总体刚度为 $K+[K_a/(1-k^2)]bb^{\mathrm{T}}$。

4.4.3 压电换能器的导纳

从上述分析可见，压电换能器的固有频率与其电路边界条件相关，且开路固有频率比短路固有频率大。考虑如图 4-7(a)所示的模型，它是压电换能器的一种最简单的动力模型，从式(4.25)和式(4.26)(令 $b=1$)可以得到该系统的平衡方程(拉普拉斯域)：

$$(Ms^2+K_a)x=K_a nd_{33}V$$

$$s[C(1-k^2)V+K_a nd_{33}x]=I$$

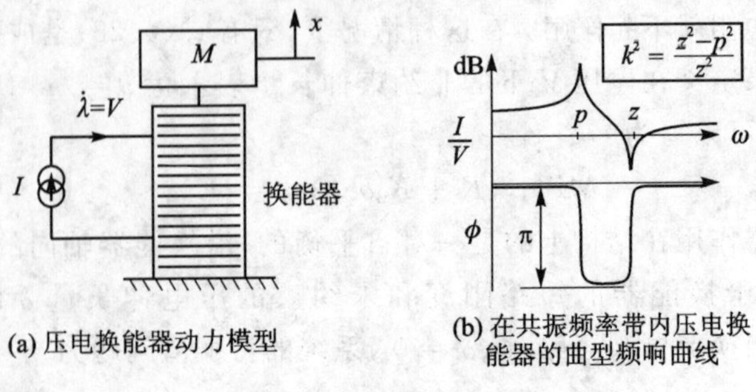

图 4-7 压电换能器动力模型及频响曲线

将第一个式子代入第二个消去 X，并引入式(4.8)中机电耦合系数的定义，可以得到系统的导纳(阻抗系数的倒数)：

$$\frac{I}{V}=sC(1-k^2)\left[\frac{Ms^2+K_a/(1-k^2)}{Ms^2+K_a}\right] \tag{4.32}$$

分子为时 0，即

$$z^2=\frac{K_a/(1-k^2)}{M} \tag{4.33}$$

z 为系统的短路固有频率。同样，令分母项为 0 时，即

$$p^2=\frac{K_a}{M} \tag{4.34}$$

p 为系统的开路固有频率。上述结论是具有一般意义的。在下面的章节中我们会看到，当压电换能器被连接在一个多自由度系统中时，导纳频响函数中的极点和零点分别为特征方程式(4.29)和式(4.31)的根。同时，结合式(4.33)和式(4.34)，还可以发现：

$$\frac{z^2-p^2}{z^2}=k^2 \tag{4.35}$$

这[利用导纳频响的测试数据，如图 4-7(b)所示]对系统机电耦合系数进行测量提供了一种具有可操作性的方法。

4.4.4　有预应力的换能器

在大多数实际应用中，为了与周围环境隔离，压电换能器是封装在结构内部的，且压电换能器会被施加预应力(一般对于栈式作动器是受压)。此类情况可以由一个与线性弹簧 K_1 并联的换能器表示，如图 4-8 所示。该系统的等效参数可由原始系统的修正获得，注意到：该系统的短路刚度变为 $K_a^*=K_a+K_1$，但系统的等体积电容并没有改变，仍为 $C(1-k^2)$。另外，传感器和弹簧组成的系统的余能函数为

$$W_e^*(\Delta,V)=C(1-k^2)\frac{V^2}{2}+K_a n d_{33}V\Delta-(K_a+K_1)\frac{\Delta^2}{2} \tag{4.36}$$

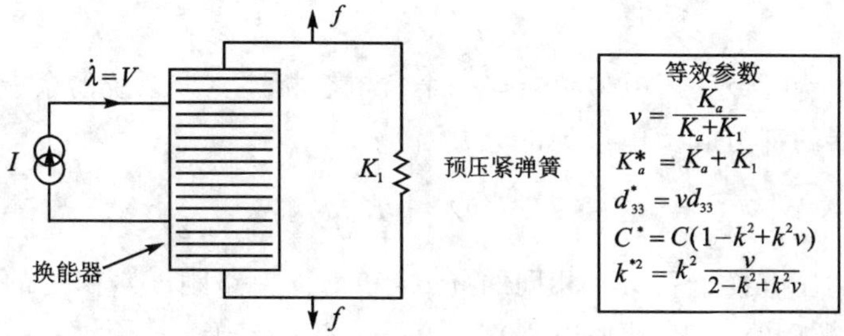

图 4-8　有预应力的换能器

(等于压电换能器的余能减去弹簧的应变能)再根据式(4.16),系统的本构方程为

$$\begin{bmatrix} Q \\ f \end{bmatrix} = \begin{bmatrix} C(1-k^2) & K_a n d_{33} \\ -K_a n d_{33} & K_a + K_1 \end{bmatrix} \begin{bmatrix} V \\ \Delta \end{bmatrix} \tag{4.37}$$

如果 $f=0$,则有

$$\Delta = n d_{33} \frac{K_a}{K_a + K_1} V = n d_{33} \upsilon V$$

$$Q = C(1-k^2)V + \frac{n^2 d_{33}^2 K_a^2}{K_a + K_1} V = C(1-k^2+k^2\upsilon)V$$

式中,$\upsilon = K_a/(K_a + K_1)$ 是换能器的应变能分数。那么,系统等效压电耦合系数和 $f=0$ 时的等效电容为

$$d_{33}^* = \upsilon d_{33} \tag{4.38}$$

$$C^* = C(1-k^2+k^2\upsilon) \tag{4.39}$$

根据式(4.8)中关于系统机电耦合系数的定义,可发现该系统的等效机电耦合系数减小了,写为

$$k^{*2} = \frac{(n d_{33}^*)^2 K_a^*}{C^*} = k^2 \frac{\upsilon}{1-k^2+k^2\upsilon} \tag{4.40}$$

另外,弹簧 K_1 并没有影响传感器的等体积电容:

$$C^*(1-k^{*2}) = C(1-k^2)$$

因而系统的开路刚度为

$$\frac{k_a^*}{1-k^{*2}} = \frac{K_a}{1-k^2} + K_1$$

如前一节所述,k^{*2} 可以通过实验手段测得。

4.4.5 提高机电耦合系数的主动方法

机电耦合系数是非常重要的材料参数,因为它描述了机械场和电场之间的能量交换程度。机电耦合系数 k^2 在分支电路阻尼系统中的重要作用会在后面章节进行详细的介绍。本节介绍通过并联负电容电路使系统的等效机电耦合系数提高的方法。

如图 4-9 所示,压电传感器与一个负电容相连。该系统的余能函数将同时包含压电换能器的部分和负电容的部分,为

$$W_e^*(\dot{\lambda}) = \frac{1}{2}C(1-k^2)\dot{\lambda}^2 + K_a n d_{33}\dot{\lambda}\Delta - \frac{1}{2}K_a\Delta^2 - \frac{1}{2}C_1\dot{\lambda}^2$$

与之等效的压电换能器具有相同的 n、d_{33} 和 K_a(短路刚度),修正的等效机电耦合系数 k^* 和等效电容 C^*,类似式(4.17),余能函数可写为

$$W_e^*(\dot{\lambda}) = \frac{1}{2}C^*(1-k^{*2})\dot{\lambda}^2 + K_a n d_{33}\dot{\lambda}\Delta - \frac{1}{2}K_a\Delta^2$$

式中,

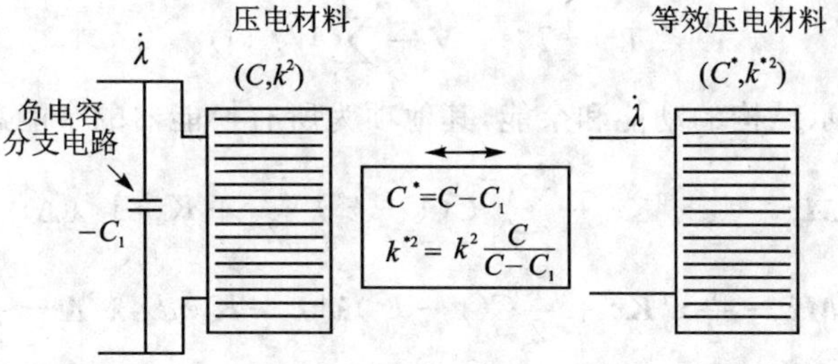

图 4-9　并联负电容的压电换能器及其等效参数

$$C^*(1-k^{*2}) = C(1-k^2) - C_1 \tag{4.41}$$

另外，根据式(4.8)中机电耦合系数的定义，有

$$k^2 = \frac{K_a n^2 d_{33}^2}{C},\quad k^{*2} = \frac{K_a n^2 d_{33}^2}{C^*}$$

这说明：

$$Ck^2 = C^* k^{*2} \tag{4.42}$$

从式(4.41)和式(4.42)，可以得出等效传感器的参数：

$$C^* = C - C_1 \tag{4.43}$$

$$k^{*2} = k^2 \frac{C}{C-C_1} \tag{4.44}$$

注意，由于 $k^{*2} < 1$，所以有 $C_1 < C(1-k^2)$。理想的负电容可以通过电路合成得到，这样，由负电容和压电传感器就组成了一个等效传感器，这个组合系统中的等效电容 C^* 比原系统小，机电耦合系数 k^{*2} 比原系统高。这样，负电容就提高了压电传感器的能量转换效率。一个负电容可以按照图 4-10 所示的方式，由运算放大器和电容构造。

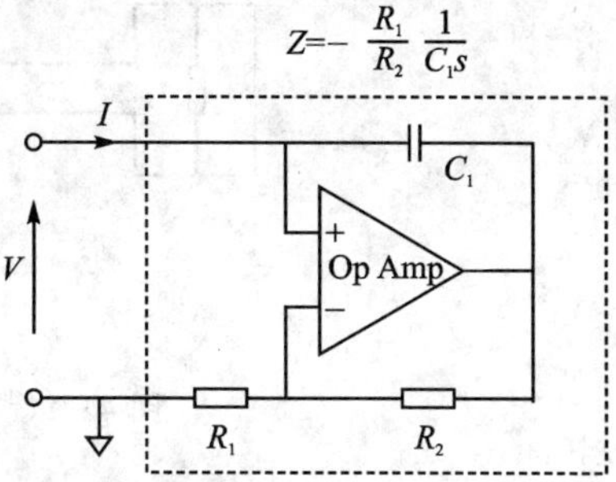

图 4-10　负电容的构造

4.5　多换能器组合系统

考虑图 4-11 中所示的情形，该系统中含有 n_T 个压电换能器，并全部都与相同的分支阻抗 Y_{SH} 相连(这实际上是一个分布式控制系统，每个控制回路都相同且独立)。$\boldsymbol{\lambda} = (\lambda_1,\cdots,\lambda_i,\cdots,)^{\mathrm{T}}$ 为磁通量广义坐标构成的向量，$\boldsymbol{\Delta} = (\Delta_1,\cdots,\Delta_i,\cdots,)^{\mathrm{T}}$ 为换能器的长度伸缩方向的坐标构成的向量；$\boldsymbol{\Delta}$ 在全局坐标中可以表示为

$$\boldsymbol{\Delta} = B^{\mathrm{T}} x \tag{4.45}$$

式中，$\boldsymbol{B}$ 是坐标投影矩阵。系统的拉格朗日函数为

$$L = T^{*} - V + \sum_{i=1}^{n_T} W_e^{*}(i) \tag{4.46}$$

式中，T^{*} 和 V 表示结构的动能和余能，其他项为所有换能器的余能总和：

$$\begin{aligned} L &= \frac{1}{2}\dot{\boldsymbol{x}}^{\mathrm{T}}\boldsymbol{M}\dot{\boldsymbol{x}} - \frac{1}{2}\boldsymbol{x}^{\mathrm{T}}\boldsymbol{K}\boldsymbol{x} + \sum_{i=1}^{n_T}\left[C(1-k^2)\frac{\dot{\lambda}_i^2}{2} + K_a n \mathrm{d}_{33}\dot{\lambda}_i\Delta_i - \frac{K_a}{2}\Delta_i^2\right] \\ &= \frac{1}{2}\dot{\boldsymbol{x}}^{\mathrm{T}}\boldsymbol{M}\dot{\boldsymbol{x}} - \frac{1}{2}\boldsymbol{x}^{\mathrm{T}}\boldsymbol{K}\boldsymbol{x} + \frac{1}{2}C(1-k^2)\dot{\boldsymbol{\lambda}}^{\mathrm{T}}\dot{\boldsymbol{\lambda}} + K_a n d_{33}\dot{\boldsymbol{\lambda}}^{\mathrm{T}}\boldsymbol{\Delta} - \frac{1}{2}K_a\boldsymbol{\Delta}^{\mathrm{T}}\boldsymbol{\Delta} \end{aligned}$$

将式(4.45)代入，可得

$$L = \frac{1}{2}\dot{\boldsymbol{x}}^{\mathrm{T}}\boldsymbol{M}\dot{\boldsymbol{x}} - \frac{1}{2}\boldsymbol{x}^{\mathrm{T}}(\boldsymbol{K} + K_a\boldsymbol{B}\boldsymbol{B}^{\mathrm{T}})\boldsymbol{x} + \frac{1}{2}C(1-k^2)\dot{\boldsymbol{\lambda}}^{\mathrm{T}}\dot{\boldsymbol{\lambda}} + K_a n d_{33}\dot{\boldsymbol{\lambda}}^{\mathrm{T}}\boldsymbol{B}^{\mathrm{T}}x \tag{4.47}$$

非保守力虚功为

$$\delta W_{nc} = \delta\boldsymbol{\lambda}^{\mathrm{T}} I - Y_{SH}\,\delta\boldsymbol{\lambda}^{\mathrm{T}}\dot{\boldsymbol{\lambda}} \tag{4.48}$$

式中，$\boldsymbol{\lambda}$ 和 $\boldsymbol{l}$ 为 n_T 维的向量，而 C、K_a、Y_{SH} 等都为标量。从式(4.47)和式(4.48)可得系统的拉格朗日方程：

$$\boldsymbol{M}\ddot{\boldsymbol{x}} + (\boldsymbol{K} + K_a\boldsymbol{B}\boldsymbol{B}^{\mathrm{T}})\boldsymbol{x} = K_a n d_{33}\boldsymbol{B}\boldsymbol{V} \tag{4.49}$$

$$\frac{\mathrm{d}}{\mathrm{d}t}\left[C(1-k^2)\boldsymbol{V} + K_a n d_{33}\boldsymbol{B}^{\mathrm{T}}x\right] + Y_{SH}\boldsymbol{V} = \boldsymbol{I} \tag{4.50}$$

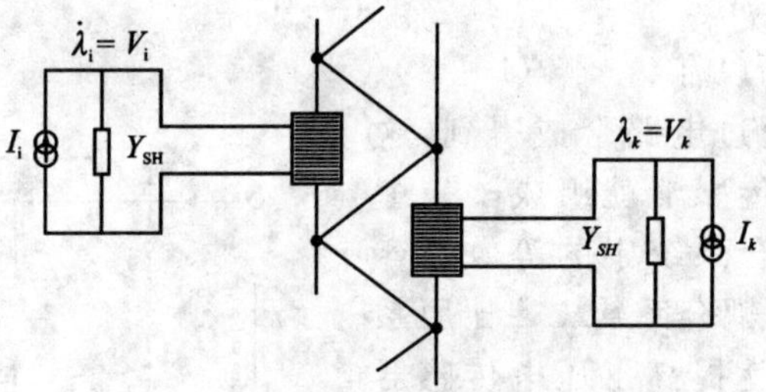

图 4-11　含有多个换能器结构

4.6　一般压电结构

对于含有限个离散压电传感器的结构，其拉格朗日函数一般形式为

$$L = \frac{1}{2}\dot{\boldsymbol{x}}^{\mathrm{T}}\boldsymbol{M}\dot{\boldsymbol{x}} - \frac{1}{2}\boldsymbol{x}^{\mathrm{T}}\boldsymbol{K}_{xx}\boldsymbol{x} + \frac{1}{2}\dot{\boldsymbol{\lambda}}^{\mathrm{T}}\boldsymbol{C}_{\phi\phi}\dot{\boldsymbol{\lambda}} + \dot{\boldsymbol{\lambda}}^{\mathrm{T}}\boldsymbol{K}_{\phi x}\boldsymbol{x} \tag{4.51}$$

式中，$\boldsymbol{M}$ 是质量矩阵；$\boldsymbol{K}_{xx}$ 为刚度矩阵（包括纯机械材料的刚度和传感器的短路刚度）；$\boldsymbol{C}_{\phi\phi}$ 是传感器的（在位移约束时的）电容矩阵；$\boldsymbol{K}_{\phi x}$ 为联系机械场和电场的压电耦合系数矩阵。

如果传感器与电压源 $\boldsymbol{\Phi} = \dot{\boldsymbol{\lambda}}$ 相连，磁通量就不再是广义坐标，又由于 $\delta W_{nc} = \boldsymbol{f}^{\mathrm{T}}\delta\boldsymbol{x}$，拉格朗日方程成为

$$\boldsymbol{M}\ddot{\boldsymbol{x}} + \boldsymbol{K}_{xx}\boldsymbol{x} - \boldsymbol{K}_{\phi x}^{\mathrm{T}}\boldsymbol{\Phi} = \boldsymbol{f} \tag{4.52}$$

其中，$\boldsymbol{K}_{\phi x}^{\mathrm{T}}\boldsymbol{\Phi}$ 是与电压量 $\boldsymbol{\Phi}$ 相关的自平衡力。系统的特征方程为

$$(\boldsymbol{M}s^2 + \boldsymbol{K}_{xx})\boldsymbol{x} = 0 \tag{4.53}$$

对应于系统短路时的情形。另一方面，如果传感器与电流源 $\boldsymbol{I}$ 以及导纳矩阵为 $\boldsymbol{Y}$ 的分支电路相连，则有

$$\delta W_{nc} = \boldsymbol{f}^{\mathrm{T}}\delta\boldsymbol{x} + \boldsymbol{I}^{\mathrm{T}}\delta\boldsymbol{\lambda} - \dot{\boldsymbol{\lambda}}^{\mathrm{T}}Y\dot{\boldsymbol{\lambda}}\delta \tag{4.54}$$

对于阻性分支电路，还可引入耗散函数：

$$D = \frac{1}{2}\dot{\boldsymbol{\lambda}}^{\mathrm{T}}\boldsymbol{Y}\dot{\boldsymbol{\lambda}} \tag{4.55}$$

该系统的拉格朗日方程为

$$\boldsymbol{M}\ddot{\boldsymbol{x}} + \boldsymbol{K}_{xx}\boldsymbol{x} - \boldsymbol{K}_{\phi x}^{\mathrm{T}}\dot{\boldsymbol{\lambda}} = \boldsymbol{f} \tag{4.56}$$

$$\boldsymbol{C}_{\phi\phi}\ddot{\boldsymbol{\lambda}} + \boldsymbol{K}_{\phi x}\dot{\boldsymbol{x}} + \boldsymbol{Y}\dot{\boldsymbol{\lambda}} = \boldsymbol{I} \tag{4.57}$$

作拉普拉斯变换，且令 $\boldsymbol{\Phi} = \dot{\boldsymbol{\lambda}}$，

$$\boldsymbol{M}s^2\boldsymbol{x} + \boldsymbol{K}_{xx}\boldsymbol{x} - \boldsymbol{K}_{\phi x}^{\mathrm{T}}\boldsymbol{\Phi} = \boldsymbol{f} \tag{4.58}$$

$$\boldsymbol{C}_{\phi\phi}\boldsymbol{\Phi} + \boldsymbol{K}_{\phi x}\boldsymbol{x} + \boldsymbol{Y}\boldsymbol{\Phi}/s = \boldsymbol{I}/s \tag{4.59}$$

如果 $\boldsymbol{Y}=0$（即相当于无分支电路），则可从式(4.58)和式(4.59)中消去 $\boldsymbol{\Phi}$，得

$$[\boldsymbol{M}s^2 + (\boldsymbol{K}_{xx} + \boldsymbol{K}_{\phi x}^{\mathrm{T}}\boldsymbol{C}_{\phi\phi}^{-1}\boldsymbol{K}_{\phi x})]\boldsymbol{x} = \boldsymbol{f} + \boldsymbol{K}_{\phi x}^{\mathrm{T}}\boldsymbol{C}_{\phi\phi}^{-1}\boldsymbol{I}/s \tag{4.60}$$

同样，$\boldsymbol{K}_{\phi x}^{\mathrm{T}}\boldsymbol{C}_{\phi\phi}^{-1}\boldsymbol{I}/s$ 是电流源在压电换能器上产生的自平衡的作用力。刚度矩阵 $\boldsymbol{K}_{xx} + \boldsymbol{K}_{\phi x}^{\mathrm{T}}\boldsymbol{C}_{\phi\phi}^{-1}\boldsymbol{K}_{\phi x}$ 对应于传感器开路的情形，系统的特征问题为

$$[\boldsymbol{M}s^2 + (\boldsymbol{K}_{xx} + \boldsymbol{K}_{\phi x}^{\mathrm{T}}\boldsymbol{C}_{\phi\phi}^{-1}\boldsymbol{K}_{\phi x})]\boldsymbol{x} = 0 \tag{4.61}$$

4.7　压电材料

4.7.1　本构关系

压电材料本构方程的一般形式①为

$$\boldsymbol{T}_{ij} = c_{ijkl}^{E}S_{kl} - e_{kij}\boldsymbol{E}_k \tag{4.62}$$

$$\boldsymbol{D}_i = e_{ikl}S_{kl} + \varepsilon_{ik}^{s}\boldsymbol{E}_k \tag{4.63}$$

式中，$\boldsymbol{T}_{ij}$ 和 $\boldsymbol{S}_{kl}$ 为应力张量和应变张量；c_{ijkl}^{E} 为电场是常数时的弹性系数；e_{kil} 为压电系数（单位为 C/m^2）；ε_{ik}^{s} 为应变是常数时的介电系数。这些公式都是由张量形式表示指标，$i,j,k,l = 1,2,3$，指标重复时应对张量求和。上式是式(4.4)的一般形式，除了由 S_{kl} 和 E_k 作为自变量，同样可以由 $\boldsymbol{T}_{kl}$ 和 $\boldsymbol{E}_k$ 作为自变量：

$$\boldsymbol{S}_{ij} = s_{ijkl}^{E}\boldsymbol{T}_{kl} - d_{kij}\boldsymbol{E}_k \tag{4.64}$$

$$\boldsymbol{D}_i = d_{ikl}\boldsymbol{T}_{kl} + \varepsilon_{ik}^{T}\boldsymbol{E}_k \tag{4.65}$$

---

①实际上是最完整的形式，见 IEEE standard on piezoelectricity，1987。——译者注

式中，s_{ijkl}^{E} 为电场是常数时的弹性系数；d_{kil} 为压电系数(单位为 C/N)，ε_{ik}^{T} 为应力是常数时的介电常数。4.3 节介绍了应力为常数和应变为常数时，所对应的介电常数的区别。除了上述张量形式，应力和应变还可以由工程应用中常用的向量形式表示，即

$$\boldsymbol{T}=\begin{bmatrix}T_{11}\\T_{22}\\T_{33}\\T_{23}\\T_{31}\\T_{12}\end{bmatrix},\quad \boldsymbol{S}=\begin{bmatrix}S_{11}\\S_{22}\\S_{33}\\2S_{23}\\2S_{31}\\2S_{12}\end{bmatrix}\tag{4.66}$$

式(4.62)和式(4.63)可写为矩阵形式：

$$\begin{aligned}\boldsymbol{T}&=[c]\boldsymbol{S}-[e]\boldsymbol{E}\\ \boldsymbol{D}&=[e]^{\mathrm{T}}\boldsymbol{S}+[\varepsilon]\boldsymbol{E}\end{aligned}\tag{4.67}$$

同样对于式(4.64)和式(4.65)，有

$$\begin{aligned}\boldsymbol{S}&=[s]\boldsymbol{T}+[d]\boldsymbol{E}\\ \boldsymbol{D}&=[d]^{\mathrm{T}}\boldsymbol{T}+[\varepsilon]\boldsymbol{E}\end{aligned}\tag{4.68}$$

式中，上标 T 代表矩阵转置。假设系统坐标与材料的横观各向异性坐标相吻合，且指标 3 代表材料的极化方向，则式(4.68)可展开为

$$\begin{bmatrix}S_{11}\\S_{22}\\S_{33}\\2S_{23}\\2S_{31}\\2S_{12}\end{bmatrix}=\begin{bmatrix}s_{11}&s_{12}&s_{13}&0&0&0\\s_{21}&s_{22}&s_{23}&0&0&0\\s_{31}&s_{32}&s_{33}&0&0&0\\0&0&0&s_{44}&0&0\\0&0&0&0&s_{55}&0\\0&0&0&0&0&s_{66}\end{bmatrix}\begin{bmatrix}T_{11}\\T_{22}\\T_{33}\\T_{23}\\T_{31}\\T_{12}\end{bmatrix}+\begin{bmatrix}0&0&d_{31}\\0&0&d_{32}\\0&0&d_{33}\\0&d_{24}&0\\d_{15}&0&0\\0&0&0\end{bmatrix}\begin{bmatrix}E_1\\E_2\\E_3\end{bmatrix}\tag{4.69}$$

$$\begin{bmatrix}D_1\\D_2\\D_3\end{bmatrix}=\begin{bmatrix}0&0&0&0&d_{15}&0\\0&0&0&d_{24}&0&0\\d_{31}&d_{32}&d_{33}&0&0&0\end{bmatrix}\begin{bmatrix}T_{11}\\T_{22}\\T_{33}\\T_{23}\\T_{31}\\T_{12}\end{bmatrix}+\begin{bmatrix}\varepsilon_{11}&0&0\\0&\varepsilon_{22}&0\\0&0&\varepsilon_{33}\end{bmatrix}\begin{bmatrix}E_1\\E_2\\E_3\end{bmatrix}\tag{4.70}$$

表 4-1 给出了典型压电材料[如压电陶瓷(PZT)和压电薄膜(PVDF)]的一些材料系数。从式(4.69)可知，当电场方向 E_3 与极化方向相同时，在相同方向材料会产生拉伸，伸展量与耦合系数 d_{33} 相关；相似地，会在 1 和 2 方向材料发生缩短，缩短量与耦合系数 d_{31} 和 d_{32} 相关，(缩短是由于系数 d_{31} 和 d_{32} 都为负)。压电陶瓷是横观各项同性的，即 $d_{31}=d_{32}$；然而在压电薄膜中，由于材料在极化时承受压力，所以材料各项异性度高，大概 $d_{31}\approx 5d_{32}$ 。从方程式(4.69)还可以看出当材料的极化方向为 3 方向，对材料施加 1 方向的电场，会产生 S_{13} 的剪切应变，应变大小与 d_{15} 相关，同样 2 方向的电场会产生 S_{23} 的剪切应变。这样的压电作动器之所以引起人们的研究兴

趣，是由于 d_{15} 是所有耦合系数里最大的一个（对 PZT 材料，是 500×10^{-12} C/N）。d_{33}、d_{31} 和 d_{15} 对于压电材料的作用形式如图 4－12 所示。

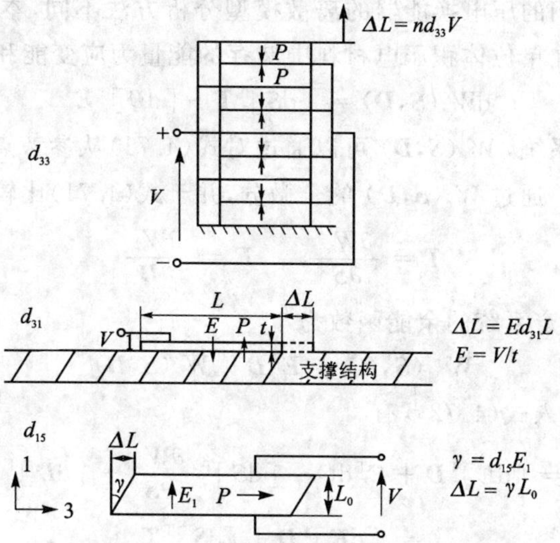

图 4－12　压电作动器不同作用方式，*P* 代表极化方向

表 4－1　典型压电材料的参数

材料参数	PZT	PVDF
压电常数		
d_{33} (10^{-12}C/N)	300	−25
d_{31} (10^{-12}C/N)	−150	单轴：$d_{31}=15$，$d_{32}=3$；双轴：$d_{31}=d_{32}=3$
d_{15} (10^{-12}C/N)	500	0
$e_{31}=\frac{d_{31}}{s^E}$ (C/m²)	−7.5	0.025
机电耦合系数		
k_{33}	0.7	
k_{31}	0.3	
k_{15}	0.7	~0.1
介电常数		
$\frac{\varepsilon^T}{\varepsilon_0}$，$\varepsilon_0=8.85\times10^{-12}$F/m	1 800	10
最大电场强度/(V/mm)	2 000	5×10^5
居里温度/℃	80～150	90
密度/kg/m³	7 600	1 800
弹性模量/GPa	50	2.5
最大应力/MPa		
拉伸	80	200
压缩	600	200
最大应变	易碎	50%

4.7.2 余能密度函数

与 4.3 节所采用的压电换能器的离散模型分析方法不同，本节将视压电换能器为一个连续系统。在单位体积压电材料中储存的能量为应变能和电能之和：

$$\mathrm{d}W_e(\boldsymbol{S},\boldsymbol{D}) = [\mathrm{d}\boldsymbol{S}]^{\mathrm{T}}\boldsymbol{T} + [\mathrm{d}\boldsymbol{D}]^{\mathrm{T}}\boldsymbol{E} \tag{4.71}$$

对于一个能量守恒系统，$W_e(\boldsymbol{S},\boldsymbol{D})$ 可以通过对式(4.71)从参考点(0,0)到 $(\boldsymbol{S},\boldsymbol{D})$ 沿任意路径积分求得。通过 $W_e(\boldsymbol{S},\boldsymbol{D})$ 的全微分，并于式(4.71)比较，可得

$$\boldsymbol{T} = \frac{\partial W_e}{\partial \boldsymbol{S}} \qquad \boldsymbol{E} = \frac{\partial W_e}{\partial \boldsymbol{D}} \tag{4.72}$$

由勒让德变换，可确定系统的余能函数为

$$W_e^*(\boldsymbol{S},\boldsymbol{E}) = \boldsymbol{E}^{\mathrm{T}}\boldsymbol{D} - W_e(\boldsymbol{S},\boldsymbol{D}) \tag{4.73}$$

对其取全微分，并引入式(4.72)，有

$$\begin{aligned}\mathrm{d}W_e^* &= [\mathrm{d}\boldsymbol{E}]^{\mathrm{T}}\boldsymbol{D} + \boldsymbol{E}^{\mathrm{T}}\mathrm{d}\boldsymbol{D} - [\mathrm{d}\boldsymbol{S}]^{\mathrm{T}}\frac{\partial W_e}{\partial \boldsymbol{S}} - [\mathrm{d}\boldsymbol{D}]^{\mathrm{T}}\frac{\partial W_e}{\partial \boldsymbol{D}} \\ &= [\mathrm{d}\boldsymbol{E}]^{\mathrm{T}}\boldsymbol{D} + [\mathrm{d}\boldsymbol{S}]^{\mathrm{T}}\boldsymbol{T}\end{aligned} \tag{4.74}$$

即

$$\boldsymbol{D} = \frac{\partial W_e^*}{\partial \boldsymbol{E}} \qquad \boldsymbol{T} = \frac{\partial W_e^*}{\partial \boldsymbol{S}} \tag{4.75}$$

将式(4.67)代入到式(4.74)中，可得

$$\mathrm{d}W_e^* = [\mathrm{d}\boldsymbol{E}]^{\mathrm{T}}\boldsymbol{e}^{\mathrm{T}}\boldsymbol{S} + [\mathrm{d}\boldsymbol{E}]^{\mathrm{T}}\boldsymbol{\varepsilon}\boldsymbol{E} - [\mathrm{d}\boldsymbol{S}]^{\mathrm{T}}\boldsymbol{c}\boldsymbol{S} + [\mathrm{d}\boldsymbol{S}]^{\mathrm{T}}\boldsymbol{e}\boldsymbol{E} \tag{4.76}$$

它是下式的全微分：

$$W_e^*(\boldsymbol{S},\boldsymbol{E}) = \frac{1}{2}\boldsymbol{E}^{\mathrm{T}}\boldsymbol{\varepsilon}\boldsymbol{E} + \boldsymbol{S}^{\mathrm{T}}\boldsymbol{e}\boldsymbol{E} - \frac{1}{2}\boldsymbol{S}^{\mathrm{T}}\boldsymbol{c}\boldsymbol{S} \tag{4.77}$$

等式右端第一项为电解质中储存的电余能(ε 为应变是常数时的介电常数)；第二项为压电余能，如式(4.18)所示；第三项为弹性材料中储存的弹性余能(c 为电场是常数时的弹性系数)。对式(4.77)进行式(4.75)中所示的偏微分，可获得本构关系式(4.67)。这样，余能密度函数表达式(4.77)和式(4.75)就可以作为线性压电系统能量的另一种描述方式。在文献中，这样的定义：

$$H(\boldsymbol{S},\boldsymbol{E}) = -W_e^*(\boldsymbol{S},\boldsymbol{E}) \tag{4.78}$$

也称为电焓密度。

4.8 哈密顿原理

在这里采用已在 3.3.2 节介绍过的位移-磁通量格式的哈密顿原理。应用哈密顿原理的必要条件为：虚位移 δu_i 必须满足系统的动力学约束，虚磁通量 $\delta\lambda_k$ 必须满足基尔霍夫电压定律。哈密顿作用量为

$$\text{V.I.} = \int_{t_1}^{t_2} [\delta(T^* + W_e^*) + \delta W_{nc}] \mathrm{d}t = 0 \tag{4.79}$$

式中，$T^* + W_e^*$ 为拉格朗日函数。在满足 $\delta u_i(t_1) = \delta u_i(t_2) = \delta\lambda_k(t_1) = \delta\lambda_k(t_2) = 0$ 的两个时间点 t_1 和 t_2 之间，系统的真实路径是使泛函式(4.79)关于所有相容变分(δu_i 和 $\delta\lambda_k$)都为零的路径。具体地：

$$T^* = \frac{1}{2}\int_\Omega \rho \dot{\boldsymbol{u}}^{\mathrm{T}} \dot{\boldsymbol{u}} \mathrm{d}\Omega \tag{4.80}$$

$$W_e^* = \frac{1}{2}\int_\Omega \left(\boldsymbol{E}^{\mathrm{T}} \boldsymbol{\varepsilon E} + 2\boldsymbol{S}^{\mathrm{T}} \boldsymbol{eE} - \frac{1}{2}\boldsymbol{S}^{\mathrm{T}} \boldsymbol{cS}\right) \mathrm{d}\Omega \tag{4.81}$$

非保守力的虚功由外力和电流源①的虚功构成，对于离散系统有

$$\delta W_{nc} = \sum_i f_i \delta x_i + \sum_i I_k \delta\lambda_k \tag{4.82}$$

对于连续系统，外力的虚功由体力和面力的虚功构成：

$$\int_\Omega f_i \delta u_i \mathrm{d}\Omega + \int_{S_2} t_i \delta u_i \mathrm{d}\boldsymbol{S} \tag{4.83}$$

对电流源的虚功可以进行分步积分：

$$\int_{t_1}^{t_2} \sum_i I_k \delta\lambda_k \mathrm{d}t = Q_k \delta\lambda_k \Big]_{t_1}^{t_2} - \int_{t_1}^{t_2} Q_k \delta\dot{\lambda}_k \mathrm{d}t \tag{4.84}$$

式中，电量 $\dot{Q}_k = I_k$。考虑到 $\delta\lambda_k(t_1) = \delta\lambda_k(t_2) = 0$，并令 $\phi_k = \dot{\lambda}_k$，则式(4.84)的虚功可以进一步表示为

$$\delta W_{nc} = -Q_k \delta\phi_k \tag{4.85}$$

对于一个连续系统，在表面 $\boldsymbol{S}_3$ 上的充电量可以表示为

$$-\int_{S_3} \bar{\sigma} \delta\phi \mathrm{d}\boldsymbol{S} \tag{4.86}$$

式中，$\bar{\sigma}$ 为表面电荷密度。将式(4.83)～式(4.86)结合，可得

$$\delta W_{nc} = \int_\Omega f_i \delta u_i \mathrm{d}\Omega + \int_{S_2} t_i \delta u_i \mathrm{d}\boldsymbol{S} - Q_k \delta\phi_k - \int_{S_3} \bar{\sigma} \delta\phi \mathrm{d}\boldsymbol{S} \tag{4.87}$$

在哈密顿作用量中，动余能可以通过分步积分得

$$\begin{aligned}\int_{t_1}^{t_2} \delta T^* \mathrm{d}t &= \int_{t_1}^{t_2} \mathrm{d}t \int_\Omega \rho\, \delta\dot{u}_i \dot{u}_i \mathrm{d}\Omega \\ &= \int_\Omega \rho\, \delta\dot{u}_i \dot{u}_i \Big]_{t\ 1}^{t_2} \mathrm{d}\Omega - \int_{t_1}^{t_2} \mathrm{d}t \int_\Omega \rho\, \delta u_i \ddot{u}_i \mathrm{d}\Omega\end{aligned} \tag{4.88}$$

其中，因为 $\delta u_i(t_1) = \delta u_i(t_2) = 0$，第一项为零。余能 δW_e^* 可以写为

$$\begin{aligned}\delta W_e^* &= \int_\Omega [\delta \boldsymbol{E}]^{\mathrm{T}} [\varepsilon \boldsymbol{E}] \{\delta \boldsymbol{E}\}^{\mathrm{T}} [e]^{\mathrm{T}} \{\boldsymbol{S}\} + [\delta \boldsymbol{S}]^{\mathrm{T}} [e] \{\boldsymbol{E}\} - \{\delta \boldsymbol{S}\}^{\mathrm{T}} [\boldsymbol{c}] \{\boldsymbol{S}\} \mathrm{d}\Omega \\ &= \int_\Omega [\delta \boldsymbol{E}]^{\mathrm{T}} (\boldsymbol{\varepsilon E} + \boldsymbol{e}^{\mathrm{T}} \boldsymbol{S}) + [\delta \boldsymbol{S}]^{\mathrm{T}} (\boldsymbol{eE} - \boldsymbol{cS}) \mathrm{d}\Omega\end{aligned}$$

---

①电压源作为相容条件，在自变量的选取时已被满足。——译者注

将本构方程式(4.67)代入,可得

$$\delta W_e^* = \int_\Omega ([\delta \boldsymbol{E}]^{\mathrm{T}} \boldsymbol{D} - [\delta \boldsymbol{S}]^{\mathrm{T}} \boldsymbol{T}) \mathrm{d}\Omega$$

$$= \int_\Omega (\delta E_i D_i - \delta S_{ij} T_{ij}) \mathrm{d}\Omega \tag{4.89}$$

考虑电场与电势的关系:

$$E_i = -\phi_{,i}$$

以及应变和位移的关系:

$$S_{ij} = \frac{1}{2}(u_{i,j} + u_{j,i})$$

其中,下标,i 代表偏微分$\frac{\partial}{\partial x_i}$。

$$\delta W_e^* = \int_\Omega (-\delta\phi_{,i} D_i - \delta u_{i,j} T_{ij}) \mathrm{d}\Omega$$

$$= \int_\Omega [-(\delta\phi D_i)_{,i} + \delta\phi D_{i,i} - (\delta u_i T_{ij})_{,j} + \delta u_i T_{ij,j}] \mathrm{d}\Omega$$

利用格林积分,有

$$\int_\Omega \frac{\partial A_i}{\partial x_i} \mathrm{d}\Omega = \int_\Omega A_{i,i} \mathrm{d}\Omega = \int_s A_i \boldsymbol{n}_i \mathrm{d}\boldsymbol{S} \tag{4.90}$$

式中,$\boldsymbol{n}_i$ 是向外的法向量,可得

$$\delta W_e^* = \int_\Omega (-\delta\phi D_{i,i} - \delta u_i T_{ij,i}) \mathrm{d}\Omega - \int_s (\delta\phi D_i \boldsymbol{n}_i + \delta u_i T_{ij} \boldsymbol{n}_j) \mathrm{d}\boldsymbol{S} \tag{4.91}$$

将式(4.87)和式(4.89)代入式(4.91),哈密顿作用量为

$$0 = \int_\Omega [\delta\phi D_{i,i} + \delta u_i (-\rho \ddot{u}_i + T_{ij,j} + f_i)] \mathrm{d}\Omega$$

$$- \int_s [\delta\phi (D_i \boldsymbol{n}_i + \bar{\sigma}) + \delta u_i (T_{ij} \boldsymbol{n}_j - t_i)] \mathrm{d}S \tag{4.92}$$

既然虚变量 $\delta\phi$ 和虚位移 δx_i 在体积 Ω 内是任意的,所以有

$$D_{i,i} = \mathrm{div}\boldsymbol{D} = 0 \tag{4.93}$$

这就是高斯定理(我们之前假设过,体积 Ω 中没有体电源),以及:

$$T_{ij,j} + f_i = \rho \ddot{u}_i \tag{4.94}$$

式中,f_i 为作用体积力。

在结构的外表面,有

$$T_{ij} n_j = t_i \quad (\text{在 } \boldsymbol{S}_2 \text{ 上}) \tag{4.95}$$

$$D_i n_i = -\bar{\sigma} \quad (\text{在 } \boldsymbol{S}_3 \text{ 上}) \tag{4.96}$$

上述表述虽然复杂,但是它表示使哈密度作用量式(4.79)为零等同于:使高斯方程式(4.93)和动力学平衡方程式(4.94)在材料的内部成立,同时使自然边界条件在承受外载式(4.95)和电流激励式(4.96)的表面上成立。哈密顿原理是压电结构的有限元分析方法的基础。

4.9　罗斯压电变压器

罗斯于 1956 年最早提出压电变压器的概念;他提出的变压器非常成功地应用在低功率装置中,例如,作为笔记本电脑的变压装置。由于压电材料的能量密度高,机电耦合系数高和机械共振的质量系数高(低阻尼),它们比一般的变压装置更加轻便有效,不像绕线型变压器那样随着尺寸的减小效率急剧降低。此外,压电变压器抗电磁干扰能力强,压电变压器本身为固态,这些特点在许多应用场合中都是至关重要的。

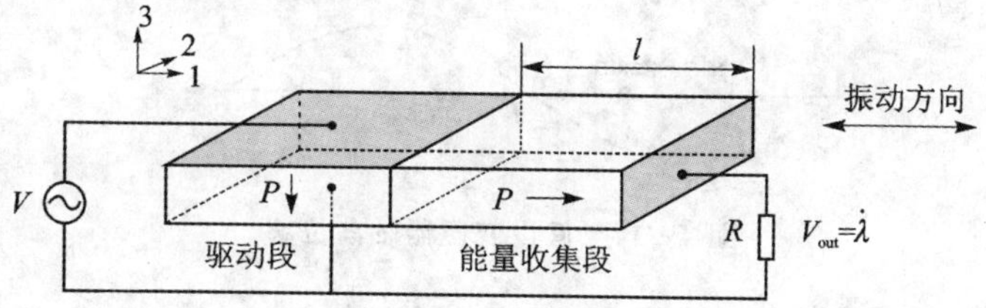

图 4-13　罗斯压电变压器原理,P 代表极化方向

罗斯压电变压器的原理如图 4-13 所示:其左半部分是驱动段;输入的交流电压驱动压电材料产生轴向振动,受 d_{31} 影响。轴向振动将能量传递到能量收集段,该部分沿轴向极化,在 d_{33} 的影响下产生电压。该系统的假想在沿轴向共振时工作,且两端都无约束。我们将使用拉格朗日方程和 1.10 节中的瑞利-里兹法分析该系统。假设系统的振动状态为轴向二阶振动,轴向位移类似于均质棒的二阶轴向位移(如图 4-14):

$$u = lz(t)\phi(x) = lz(t)\cos\frac{\pi x}{l} \tag{4.97}$$

系统含有一个机械广义坐标 $z(t)$,代表假设模态的幅值;还有一个电广义坐标 λ,其与输入电压的关系为 $\dot{\lambda} = V_{\text{out}}$。根据哈密顿原理,拉格朗日函数可以写为动余能式(4.80)和余能函数式(4.81)之和:

$$L = T^* + W_e^* = T^* + W_{e,\text{left}}^* + W_{e,\text{right}}^* \tag{4.98}$$

其中,将余能函数分为驱动段的余能和能量搜集段的余能。T^* 可以通过假设位移场式(4.97)求出:

$$\dot{u} = l\dot{z}\phi(x) = l\dot{z}\cos\frac{\pi x}{l}$$

$$T^* = \frac{1}{2}\int_0^{2l}\rho A\dot{u}^2\,\mathrm{d}x = \frac{\rho A}{2}l^2\dot{z}^2\int_0^{2l}\phi^2(x)\,\mathrm{d}x = \frac{\rho A}{2}l^3\dot{z}^2 \tag{4.99}$$

式中,A 为横截面积;ρ 为压电片的质量密度。驱动段和能量收集段的余能函数需要分别讨论。

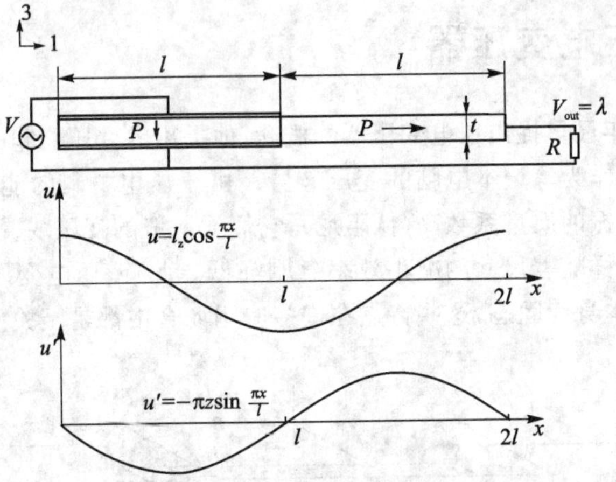

图 4-14　假设变压器轴向位移

4.9.1　驱动段

因为输入电压 V 作用在驱动部分的整个面上，所以可以假设电场 E_3 在整个驱动段的体积内是等大的（$E_3=V/t$），从式(4.81)，可得

$$W^*_{e,\text{left}}=\int_0^l A\left(\frac{1}{2}\varepsilon^s_{33}E_3^2+S_1e_{31}E_3-\frac{1}{2}c^E_{11}S_1^2\right)\mathrm{d}x \tag{4.100}$$

其中，

$$E_3=\frac{V}{t}\quad S_1=u'=l\phi'(x)z \tag{4.101}$$

注意，E_3 是作用在 3 方向的电场；S_1 为沿轴向的应变。将式(4.101)代入式(4.100)，并沿轴向方向进行积分，可得

$$W^*_{e,\text{left}}=\frac{Al}{2}\varepsilon^s_{33}\left(\frac{V}{t}\right)^2-2Ale_{31}\left(\frac{V}{t}\right)z-Al\,\frac{\pi^2}{4}c^E_{11}z^2 \tag{4.102}$$

4.9.2　能量收集段

首先假设在横截面上所有的物理性质相同。根据本构方程式(4.63)：

$$D_1=e_{33}S_1+\varepsilon^s_{33}E_1$$

或者

$$E_1=\frac{1}{\varepsilon^s_{33}}D_1-\frac{e_{33}}{\varepsilon^s_{33}}S_1 \tag{4.103}$$

其中，下标 3 表示在能量收集段，极化方向是沿轴 1 方向的。另外，因为材料没有体积电源，所以高斯定律中 div$\boldsymbol{D}=0$，即

$$\frac{\partial D_1}{\partial x}=0$$

因此 D_1 在能量收集段为常数，对式(4.103)积分，可得

$$V_{\text{out}} = \dot{\lambda} = -\frac{D_1 l}{\varepsilon_{33}^s} + \frac{e_{33}}{\varepsilon_{33}^s}\int_l^{2l} S_1 \mathrm{d}x$$

将此式带入式(4.103)中消去 D_1，电场由变量 z 和 $\dot{\lambda}$ 表示：

$$E_1 = -\frac{\dot{\lambda}}{l} + \frac{e_{33}}{\varepsilon_{33}^s}(2 - l\phi')z \tag{4.104}$$

则该段的余能函数为

$$W_{e,\text{right}}^* = \frac{1}{2}\varepsilon_{33}^s E_1^2 + S_1 e_{33} E_1 - \frac{1}{2}c_{11}^E S_1^2 \tag{4.105}$$

其中，下标表示极化方向沿 1 方向，用式(4.101)消去 S_1，用式(4.104)消去 E_1，沿 l 到 $2l$ 积分，可得

$$W_{e,\text{right}}^* = \frac{Al}{2}\varepsilon_{33}^s\left(\frac{\dot{\lambda}}{l}\right)^2 - 2Ale_{33}\left(\frac{\dot{\lambda}}{l}\right)z + Alz^2\frac{e_{33}^2}{\varepsilon_{33}^s}\left(2 - \frac{\pi^2}{4}\right) - Al\frac{\pi^2}{4}c_{11}^E z^2 \tag{4.106}$$

4.9.3　动力特性

将式(4.99)、式(4.102)和式(4.106)代入，系统的拉格朗日函数为

$$\begin{aligned} L &= T^* + W_{e,\text{left}}^* + W_{e,\text{right}}^* \\ &= \rho\frac{Al^3}{2}\dot{z}^2 + \frac{Al}{2}\varepsilon_{33}^s\left(\frac{V}{t}\right)^2 - 2Ale_{31}\left(\frac{V}{t}\right)z - \frac{Al\pi^2}{4}c_{11}^E z^2 + \frac{Al}{2}\varepsilon_{33}^s\left(\frac{\dot{\lambda}}{l}\right)^2 \\ &\quad - 2Ale_{33}\left(\frac{\dot{\lambda}}{l}\right)z + Al\frac{e_{33}^2}{\varepsilon_{33}^s}\left(2 - \frac{\pi^2}{4}\right)z^2 - \frac{Al\pi^2}{4}c_{11}^E z^2 \end{aligned} \tag{4.107}$$

耗散函数为

$$D = \frac{\dot{\lambda}^2}{2R} \tag{4.108}$$

拉格朗日函数对于 z 的偏微分得

$$\frac{\partial L}{\partial \dot{z}} = \rho A l^3 \dot{z}$$

$$\frac{\partial L}{\partial z} = -2Ale_{31}\left(\frac{V}{t}\right) - 2Ale_{33}\left(\frac{\dot{\lambda}}{l}\right) + Al\frac{e_{33}^2}{\varepsilon_{33}^s}\left(4 - \frac{\pi^2}{2}\right)z - Al\pi^2 c_{11}^E z$$

则关于广义坐标 z 的拉格朗日方程为

$$\rho l^2\ddot{z} + \pi^2 c_{11}^E z - \frac{e_{33}^2}{\varepsilon_{33}^s}\left(4 - \frac{\pi^2}{2}\right)z + 2e_{33}\left(\frac{\dot{\lambda}}{l}\right) = -2e_{31}\left(\frac{V}{t}\right) \tag{4.109}$$

拉格朗日函数关于 λ 的偏微分是

$$\frac{\partial L}{\partial \dot{\lambda}} = A\varepsilon_{33}^s\frac{\dot{\lambda}}{l} - 2Ae_{33}z$$

$$\frac{\partial L}{\partial \lambda} = 0 \quad \frac{\partial D}{\partial \dot{\lambda}} = \frac{\dot{\lambda}}{R}$$

则关于广义坐标 λ 上的拉格朗日方程为

$$\frac{A}{l}\varepsilon_{33}^{s}\ddot{\lambda} - 2Ae_{33}\dot{z} + \frac{\dot{\lambda}}{R} = 0 \tag{4.110}$$

如果为断路状态，即 $R\to\infty$。并且 $V_{\text{out}} = \dot{\lambda}$，并转换到拉普拉斯域，可得

$$\varepsilon_{33}^{s} s \frac{V_{\text{out}}}{l} = 2e_{33} sz$$

或者

$$\frac{V_{\text{out}}}{l} = \frac{2e_{33}}{\varepsilon_{33}^{s}} z \tag{4.111}$$

代入式(4.109)，可得

$$\rho l^2 s^2 z + \left(\pi^2 c_{11}^{E} + \frac{\pi^2}{2}\frac{e_{33}^2}{\varepsilon_{33}^{s}}\right) z = -2e_{31}\left(\frac{V}{t}\right) \tag{4.112}$$

或者

$$\rho l^2 s^2 z + a c_{11}^{E} z = -2e_{31}\left(\frac{V}{t}\right) \tag{4.113}$$

其中，

$$a = \pi^2 + \frac{\pi^2}{2}\frac{e_{33}^2}{c_{11}^{E}\varepsilon_{33}^{s}} = \pi^2\left[1 + \frac{k_{33}^2}{2(1-k_{33}^2)}\right] = \pi^2 \frac{1 - k_{33}^2/2}{1 - k_{33}^2} \tag{4.114}$$

表明了由于压电变压行为引起的刚度增加，为了获得式(4.114)，应用了如下等式：

$$\varepsilon_{33}^{s} = \varepsilon_{33}^{T}(1 - k_{33}^2) \quad k_{33}^2 = \frac{e_{33}^2}{c_{11}^{E}\varepsilon_{33}^{T}} \tag{4.115}$$

系统的固有频率为

$$\omega_n^2 = \frac{c_{11}^{E} a}{\rho l^2} \tag{4.116}$$

式(4.113)可以写为

$$z = \frac{-2e_{31}(V/t)}{a c_{11}^{E}(1 + s^2/\omega_n^2)} \tag{4.117}$$

这是输入电压 V 与输出幅值 z 之间的传递函数，通过忽略系统阻尼而求得。实际上，在固有频率段范围内工作，阻尼是不能被忽略的。在共振区域，式(4.117)需改为

$$z = \frac{-2e_{31}(V/t)}{a c_{11}^{E}(1 + 2\xi s/\omega_n + s^2/\omega_n^2)} \tag{4.118}$$

共振幅值为

$$z = \frac{2e_{31}}{a c_{11}^{E}} Q_{\text{m}} \frac{V}{t} \tag{4.119}$$

式中，$Q_{\text{m}} = 1/2\xi$ 为振动品质因子(表征系统在共振时的动态响应幅值与静态响应之

比）。代入到式(4.111)，可得

$$\frac{V_{\text{out}}}{l}=\frac{4e_{33}e_{31}}{ac_{11}^{E}\varepsilon_{33}^{s}}Q_{\text{m}}\frac{V}{t}$$

最后，根据式(4.114)和式(4.115)，变压器的电压放大率为

$$r=\frac{V_{\text{out}}}{V}=\frac{4}{\pi^2}\frac{k_{33}k_{31}}{(1-k_{33}^2/2)}Q_{\text{m}}\frac{l}{t} \tag{4.120}$$

式中可以看出，其正比于功能器的长厚比 $\frac{l}{t}$、机电耦合系数 k_{33} 和 k_{31} 以及品质因子 Q_{m}。

4.10 参考文献

[1] ALLIKH, HUGHEST J R, Finite Element method for piezoelectric vibration [J]. Int. J. for Numberical Methods in Engineering, 1970(2), 151 - 157.

[2] CADYW G, Piezoelectricity: an Introduction to Theory and Applications of Eletromechanical Phenomena in Crystals[M]. New York: McGrawHill, 1946.

[3] EER NISSE P. Variational method for eletroststic vibration analysis[J]. IEEE Trans, on Sonics and Ultrasonics, 1967, 14(4): 153 - 160.

[4] PHILBRICK RESEARCHES, Inc. Application Manual for Computing Amplifiers for Modelling, Measuring, Manipulating & Much Else[M]. Boston: Nimrod Press, 1965.

[5] J Van Randeraat &R. E. Setterington Philips Application Book on Piezoelectric Ceramics [M]. London: Mullard Limited, 1974.

[6] PIEFORTV. Finite element modelling of piezoelectric active structures, PhD Thesis, University Libre de Bruxelles, Active Structures Laboratory, 2001.

[7] ROSENC A. Ceramic transformers and filters [C]Proc. Electronic Component Symposium, 1956, 205 - 211.

[8] TIERSTENH F. Hamilton's principle for linear piezoelectric media[J]. Proceedings of the IEEE, 1967(8)1523 - 1524.

[9] UCHINOK. Ferroelectric Devices[M]. New York: Marcel Dekker, 2000.

第 5 章　压电层合板

5.1　梁式压电作动器

考虑如图 5-1 所示的压电梁：一侧覆盖着厚度为 h_p 的压电材料，沿 z 轴方向极化；基底的金属结构作为压电材料在内侧的电极，同时在压电材料的外侧布置具有变化宽度 $b_p(x)$ 的电极①。一旦给定两电极间的电势差，将在两电极间的压电材料内部建立沿极化方向的电场，其电场强度以 E_3 表示。值得注意的是，在压电层中那些未同时被两个电极覆盖的压电材料是不具备机电耦合特性的②。若以 $w(x,t)$ 表示压电梁的横向振动位移，根据欧拉-伯努利梁理论，应力和应变均处于沿 Ox 轴的单轴状态。梁横截面上某点的弯曲应力 S_1 与曲率 w'' 有关，为：

$$S_1 = -zw'' \tag{5.1}$$

式中，z 是距中性轴的距离。假设压电层足够薄，因而在每一处都具有相同的电场强度 E_3。

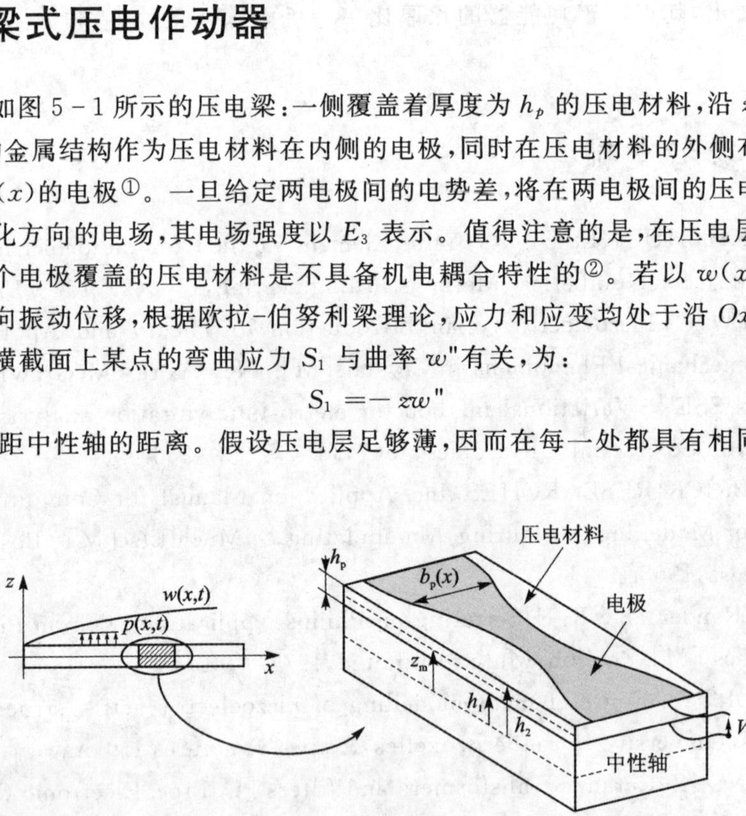

图 5-1　具有非均匀电极宽度 $b(x)$ 的单层压电梁

5.1.1　哈密顿原理

在上述模型中，系统的动能为

$$T^* = \frac{1}{2}\int_0^l \rho A \dot{w}^2 \mathrm{d}x \tag{5.2}$$

式中，A 是梁的横截面面积。由于电场和机械应变场都只有一个非零的分量，分别是

---

①通常是一层极薄的铜，因此不必考虑其对结构机械场的影响。——译者注

②由于无电场通过这一部分压电材料，所以无法激发（或利用）其机电耦合效应。——译者注

S_1 和 $E_3$①，所以余能函数式(4.77)成为

$$W_e^* = \frac{1}{2}\int_0^l \mathrm{d}x \int_A (\varepsilon_{33}E_3^2 + 2S_1 e_{31}E_3 - c_{11}S_1^2)\mathrm{d}A \tag{5.3}$$

将式(5.1)带入，可得

$$W_e^* = \frac{1}{2}\int_0^l \mathrm{d}x \int_A (\varepsilon_{33}E_3^2 - 2w'' z e_{31}E_3 - c_{11}w''^2 z^2)\mathrm{d}A \tag{5.4}$$

面积分中的第一项可只在压电层中覆盖电极的部分进行，其关于横截面的积分可写为 $\varepsilon_{33}E_3^2 b_p h_p$ 。第二项同样可只在压电层中进行，考虑到如下关系：

$$\int_A z\,\mathrm{d}A = \int_{h_1}^{h_2} b_p z\,\mathrm{d}z = b_p h_p z_\mathrm{m}$$

式中，z_m 是压电层的中线距中性轴的距离（见图 5-1）。上述积分的第二项可写为 $-2w'' e_{31}E_3 b_p h_p z_\mathrm{m}$。$W_e^*$ 中的第三项积分可以通过引入如下表征弯曲刚度的符号。

$$D = \int_A c_{11} z^2 \mathrm{d}A \tag{5.5}$$

进行简化②。因此，W_e^* 可写为

$$W_e^* = \frac{1}{2}\int_0^l (\varepsilon_{33}E_3^2 b_p h_p - 2w'' e_{31}E_3 b_p h_p z_\mathrm{m} - Dw''^2)\mathrm{d}x$$

接着，就可以对上述系统应用哈密顿原理了。注意：只有横向位移产生虚位移，即 δw；而电势差是固定不变的（由外部给定）。对动能的变分关于时间 t 进行分步积分，并考虑到 $\delta w(x,t_1) = \delta w(x,t_2) = 0$，可得

$$\int_{t_1}^{t_2} \delta T^* \,\mathrm{d}t = \int_{t_1}^{t_2} \mathrm{d}t \int_0^l \rho A \dot{w}\delta\dot{w}\mathrm{d}x = -\int_{t_1}^{t_2} \mathrm{d}t \int_0^l \rho A \ddot{w}\delta w \mathrm{d}x$$

类似地，有

$$\delta W_e^* = \int_0^l [-\delta w''(e_{31}E_3 b_p h_p z_\mathrm{m}) - Dw''\delta w'']\mathrm{d}x$$

对其关于 x 进行两次分步积分③，可得

$$\delta W_e^* = -(e_{31}E_3 b_p h_p z_\mathrm{m})\delta w']_0^l + (e_{31}E_3 b_p h_p z_\mathrm{m})'\delta w]_0^l -$$
$$\int_0^l (e_{31}E_3 b_p h_p z_\mathrm{m})''\delta w \mathrm{d}x - Dw''\mathrm{d}w']_0^l + (Dw'')'\delta w]_0^l - \int_0^l (Dw'')''\delta w \mathrm{d}x$$

非保守力在虚位移上的虚功为

$$\delta W_{nc} = \int_0^l \rho(x,t)\delta w \mathrm{d}x$$

式中，$\rho(x,t)$是分布在梁上的横向载荷。将上述各项导入哈密顿原理式(4.79)中，有

$$\mathrm{V.I.} = \int_{t_1}^{t_2} \mathrm{d}t \int_0^l [-\rho A\ddot{w} - (e_{31}E_3 b_p h_p z_\mathrm{m})'' - (Dw'')'' + \rho]\delta w \mathrm{d}x -$$

---

①下标的数字在悬臂梁情形下已有定义，1 为轴向，2，3 均为横向。——译者注

②之所以没有用较通用的 EI 符号是为了避免混淆，因为符号 E 和 I 在本书中已有其他定义。——原注

③这些分步积分的目的是将 δw 的所有微分形式，即 $\delta\dot{w}$、$\delta w'$、$\delta w''$等都消去，只保留 δw。——译者注

$$(e_{31}E_3b_ph_pz_m + Dw'')\delta w']_0^l + \{(e_{31}E_3b_ph_pz_m)' + (Dw'')\}\delta w]_0^l = 0$$

对所有满足边界条件的虚位移 δw 都成立。

5.1.2 压电驱动力

通过在上一节的最后得到的等式，可得描述该问题的偏微分方程是

$$\rho A\ddot{w} + (Dw'')'' = \rho - (e_{31}E_3b_ph_pz_m)'' \tag{5.6}$$

注意到只有 b_p 是与位置 x 有关的，以及电势差与电场强度的关系为 $E_3h_p = V$，则该偏微分方程可写为

$$\rho A\ddot{w} + (Dw'')'' = \rho - e_{31}Vz_mb_p''(x) \tag{5.7}$$

此式说明压电层的压电效应等同于与电极宽度的二阶导数呈正比的分布载荷。

继续分析泛函 V.I. 的余下项，可得在 $x=0$ 和 $x=l$ 处，有

$$(e_{31}E_3b_ph_pz_m + Dw'')\delta w' = 0 \tag{5.8}$$

$$[(e_{31}E_3b_ph_pz_m)' + (Dw'')']\delta w = 0 \tag{5.9}$$

式(5.8)说明，当端部不约束转角时①，有

$$e_{31}Vb_pz_m + Dw'' = 0 \tag{5.10}$$

这说明压电层在此处产生的影响相当于施加了一个与电极宽度成正比的弯矩。同样，式(5.9)说明，当端部不约束位移时②，有

$$e_{31}Vb_p'z_m + (Dw'')' = 0 \tag{5.11}$$

由于(Dw")′表示沿轴横向的剪力，这意味着压电层在此处产生的影响相当于施加了一个与电极宽度的一阶导数成正比的集中力。应当注意的是，由压电层产生的载荷本质上是结构的内力，因而总是自平衡的。

图 5-2 展示了不同电极形状的压电梁所具有的压电载荷。矩形电极[见图 5-2(a)]产生的载荷等同于一对作用于电极两端的弯矩。三角形电极[见图 5-2(b)]产生的载荷是一对等大反向的集中力和一个弯矩。值得注意的是，如果梁的左端是固支的，则相应的压电载荷将被支撑承受，此时压电层对梁的等效载荷只有右端的集中力。抛物线形状的电极将产生一个均匀分布的载荷和一对等大反向的集中力。

另一个例子见图 5-3，其电极包含一个矩形的部分(长度为 l_1)和一个均匀扩张的梯形部分(长度为 l_2)。根据前述讨论，这一电极的等效载荷是作用在电极边沿的一对弯矩，以及一对作用在电极厚度的一阶导数产生突变处的集中力。无疑，这些等效载荷是自平衡的③。

---

①即 $\delta w' \neq 0$。——译者注

②即 $\delta w \neq 0$。——译者注

③虽然此时系统只具有一块电极，但由于在 l_1 处电极宽度的一阶导数和二阶导数都不存在，无法利用式(5.10)和式(5.11)进行分析。因而需将电极在导数不连续处分为两块，分别采用前述结论获得压电等效载荷，这也是电极宽度的导数不连续时的一般处理方式。——译者注

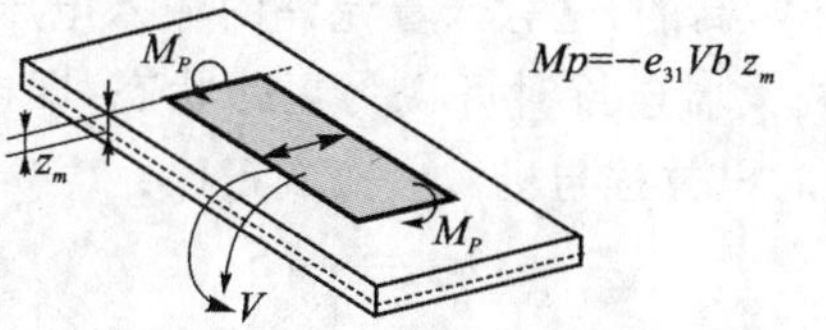

(a) 方形电极

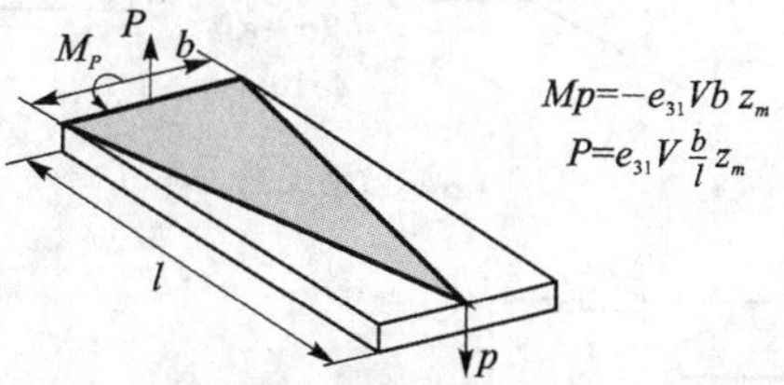

(b) 三角形电极

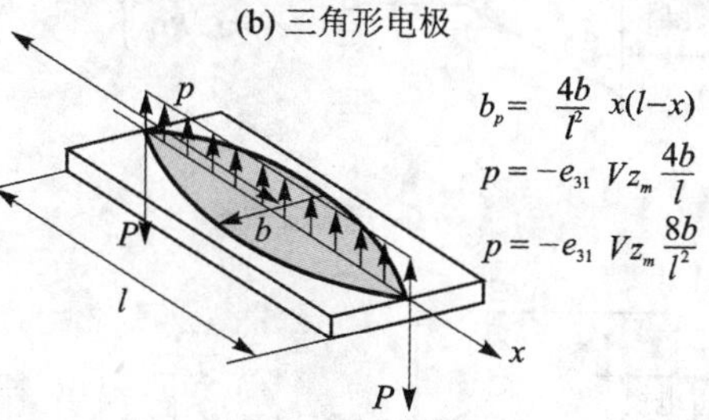

(c) 抛物线电极

图 5-2　具有不同电极形状的压电梁以及对应的压电载荷

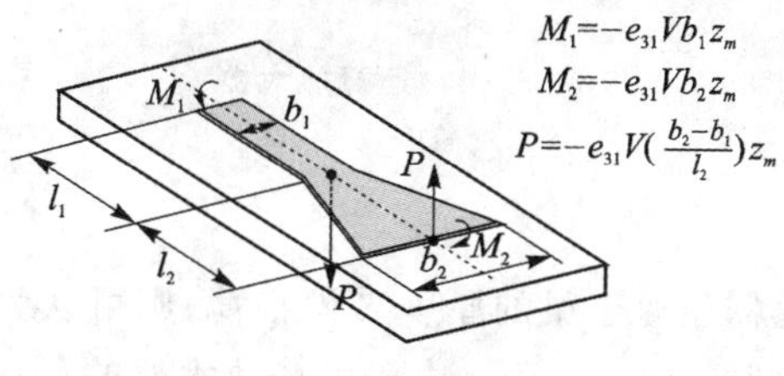

图 5-3　具有不连续 $b'_p(x)$ 电极的压电梁的等效载荷

5.2　片状压电传感器

5.2.1　电流放大器和电荷放大器

当用作模态传感时，压电换能器将与运算放大器[见图 5-4(a)]连接在一起，构成电流放大器[见图 5-4(b)]或者电荷放大器[见图 5-4(c)]。运算放大器本质上是一种主动电路，具有较高的线性电压增益、几乎无穷大的输入电阻(因此输入电流 i_- 和 i_+ 几乎为零)和几乎为零的输出电阻，因此输出电压 e_0 与电势差 e_+-e_- 成正比。开环增益通常是非常高的，这意味着允许的输入电压非常小(毫伏级)。这导致当压电换能器与运算放大器连接时可视为短路状态，即电场强度 E_3 为零。由本构关系式(4.63)可知，此时电位移与机械应变成正比：

$$D_3 = e_{31} S_1 \tag{5.12}$$

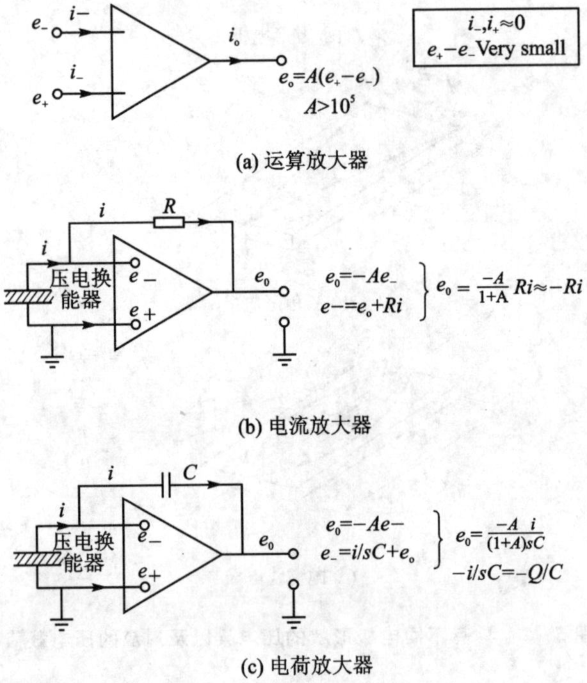

图 5-4　运算放大器

5.2.2　传感器输出

如果假设压电传感器相对于梁的厚度来说很薄，则可认为压电传感器的应变沿其厚度方向是不变的，即 $S_1 = -zw''$。由于电荷放大器的存在，有 $E_3 = 0$。在具有电极的面积上进行积分，可得

$$Q = \int D_3 \mathrm{d}A = -\int_a^b b_p(x) z_m e_{31} w'' \mathrm{d}x = -z_m e_{31} \int_a^b b_p(x) w'' \mathrm{d}x \tag{5.13}$$

式中，极化参数 e_{31} 为常数。这样，实际上是假设传感器在梁上从 $x=a$ 到 $x=b$ 的范围内处于拉/压状态。因此，传感器上的电量可视为正比于某种“加权平均”的曲率，其权重函数为电极的宽度。对于具有恒定宽度的电极，有

$$Q = -z_m e_{31} b_p [w'(b) - w'(a)] \tag{5.14}$$

因此，传感器的输出正比于压电层两边界处转角的差。注意到这一电量是图 5-2(a)所示的用于激振时的两倍。式(5.13)可以经由两次分步积分，得到

$$\int_a^b b_p(x)w''\mathrm{d}x = w'b_p]_a^b - wb'_p]_a^b + \int_a^b b''_p(x)w\mathrm{d}x \tag{5.15}$$

考虑这样的情形：一个固支在 $x=0$ 的悬臂梁，覆盖着一个压电层，并设置如图 5-2(b)所示的三角形电极，则有 $a=0, b=l, w(0)=w'(0)=0$(悬臂梁)以及 $b''_p(0)=0$，$b_p(l)=0, b'_p(l)=-b_p(0)/l$(三角形电极)。将这些参数代入式(5.15)和式(5.13)，有

$$Q = -z_{\mathrm{m}}e_{31}\frac{b_p(0)}{l}w(l) \sim w(l) \tag{5.16}$$

因而此时的输出与端部位移成正比。同样，该电量的值是上述结构用于激振时产生的电量的 2 倍。接着，对于抛物线形状的电极，如图 5-2(c)所示，其边界条件为：$w(0)=w(l)=0, b_p(0)=b_p(l)=0$ 和 $b''_p(0)=-8b/l^2$，代入式(5.15)，可得

$$Q = z_{\mathrm{m}}e_{31}\frac{8b}{l^2}\int_0^l w(x)\mathrm{d}x \sim \int_0^l w(x)\mathrm{d}x \tag{5.17}$$

因而此时输出正比于体变形，这也是将该结构用于(产生均匀分布的激振力)激振时的电量的 2 倍。

上述结论都是基于本质上是一维的欧拉梁理论获得的，这些结果的准确性和合理性极大地取决于欧拉梁理论所采用的假设与实际情形之间的关系。这在实际应用中是非常重要的，尤其是对于同位控制系统。

5.2.3　电荷放大器的动力学行为

根据图 5-4(c)，压电传感器的输出电压与电极上积累的电荷成正比，放大器的增益由电容值 C 确定。这一关系在高于边界频率的工作频带内是正确的，但不适用于准静态情形(此时几乎 $\omega=0$)。如果要考虑更精确的描述方式，则电荷放大器在准静态下的行为可用下列方式描述，即相当于增加了一个二阶高通滤波器，其式为

$$F(s) = \frac{s^2}{s^2 + 2\xi_c\omega_c s + \omega_c^2} \tag{5.18}$$

式中，参数 ω_c 和 ξ_c 要根据实际情况取合适的值。对于工作频率远高于边界频率 ω_c 的情形，$F(s)$ 可近似为一个单位增益。

5.3　空间模态滤波器

5.3.1　模态作动器

根据式(5.7)，具有可变电极宽度 $b_p(x)$ 的压电层等效于大小与 $b''_p(x)$ 成正比的分布横向载荷。令横向位移的模态展开为

$$w(x,t) = \sum_i z_i(t)\phi_i(x) \tag{5.19}$$

式中，$z_i(x)$是各模态振动的幅值；$\phi_i(x)$是模态振型，也为下列特征值问题的解：

$$[D\phi_i''(x)]'' - \omega_i^2 \rho A \phi_i = 0 \tag{5.20}$$

这些振型函数同时满足下列正交性条件：

$$\int_0^l \rho A \phi_i(x) \phi_j(x) \mathrm{d}x = \mu_i \delta_{ij} \tag{5.21}$$

$$\int_0^l D\phi_i''(x) \phi_j''(x) \mathrm{d}x = \mu_i \omega_i^2 \delta_{ij} \tag{5.22}$$

式中，μ_i 是模态质量；ω_i是第 i 阶模态的固有频率；δ_{ij} 是克罗内克算子（当 $i=j$ 时 $\delta_{ij}=1$，当 $i\neq j$ 时 $\delta_{ij}=0$）。将式(5.19)代入式(5.7)（并令机械激振力 $p=0$），有

$$\rho A \sum_i \ddot{z}_i \phi_i + \sum_i z_i (D\phi_i'')'' = - e_{31} V b_p'' z_\mathrm{m}$$

又根据式(5.20)，可得：

$$\rho A \sum_i \ddot{z}_i \phi_i + \rho A \sum_i z_i \omega_i^2 \phi_i = - e_{31} V b_p'' z_\mathrm{m}$$

首先在上式两侧乘以 ϕ_i，并沿梁的长度积分，再利用正交化条件式(5.21)，易得第 k 阶模态的解耦合动力学方程：

$$\mu_k (\ddot{z}_k + \omega_k^2 z_k) = - e_{31} V z_\mathrm{m} \int_0^l b_p''(x) \phi_k(x) \mathrm{d}x \tag{5.23}$$

其等号右侧是由压电层产生的针对第 k 阶模态的激振力。根据正交化条件式(5.21)易知，若电极的外形被恰当地设计并满足：

$$b_p'' \sim \rho A \phi_l(x) \tag{5.24}$$

则所有除第 l 阶以外的模态激振力都为零，而对第 l 阶的激振力 p_l，有

$$p_l \sim - e_{31} V z_\mathrm{m} \int_0^l \rho A \phi_l \phi_k \mathrm{d}x \sim - e_{31} V z_\mathrm{m} \mu_l \delta_{kl} \tag{5.25}$$

具有这一电极外形的压电层只能激起第 l 阶模态的振动——这构成了一个（针对第 l 阶模态的）模态作动器。

5.3.2 模态传感器

同样，若将压电层用于传感，传感器上积累的电荷可由式(5.13)给出。将位移的模态展开式(5.19)代入，可得

$$Q = - z_\mathrm{m} e_{31} \sum_i z_i(t) \int_0^l b_p(x) \phi_i''(x) \mathrm{d}x \tag{5.26}$$

将此式与正交性条件式(5.22)相比，发现通过合适地设计电极的形状可以使上述积分为零，从而使传感器无法“感知”某一阶指定的模态振动①。若电极的形状满足：

$$b_p(x) \sim D\phi_l''(x) \tag{5.27}$$

①模态作动器和模态传感器分别是为了作动和传感特定的模态。而模态滤波器是为了在输出信息中“屏蔽”掉特性的模态，使这些特定模态的可观性降到最低。为构造针对第 n 阶模态的模态滤波器，可通过构造针对阶 $m,m\neq n$ 模态的模态传感器来实现。——译者注

即与第 l 阶模态的弯矩成正比，则输出电量为

$$Q \sim - z_m e_{31} \mu_l \omega_l^2 z_l(t) \tag{5.28}$$

其中仅包含第 l 阶模态的贡献。具有这一电极外形的压电层构成了一个模态传感器。值得注意的是，对于等截面梁，式(5.20)说明振型同时满足 $\phi_i^{IV}(x) \sim \phi_i(x)$。结合式(5.27)可知，使压电层成为模态传感器的电极形状同时可使其成为模态作动器，因为

$$b_p''(x) \sim \phi_i^{IV}(x) \sim \phi_i(x) \tag{5.29}$$

图 5-5 基于等截面梁展示了两种针对不同边界条件的模态滤波器，图中正负号的变化表示极化方向的改变，这相当于一个负的 b_p。此外，传感器中极化方向为负的那些压电材料也可以布置在梁的另一侧，并使两侧均具有相同的极化方向。由图中还可得知，简支梁对应的电极形状与其振型一致，而悬臂梁对应的电极形状与固支在另一端的悬臂梁的振型一致。

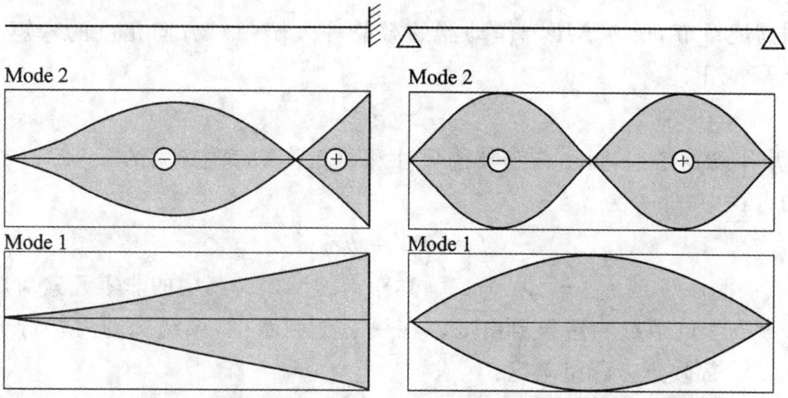

(a) 针对悬臂的前两阶模态　　(b) 针对简支梁的前两阶模态

图 5-5　模态滤波器的电极形状

模态滤波器还为溢出缓和提供了非常有吸引力的新的选项，因为模态滤波器允许将一组已知模态的可控性和可观察性降至最低。此外，采用欧拉梁近似在实际问题应用的限制将在本章的结尾给出。

5.4　具有同位作动器-传感器的梁结构

考虑如图 5-6 所示的具有一对长方形压电作动器和传感器的梁。就欧拉梁理论而言，它们是布置在“同一个”位置上的，这意味着它们具有相同的拉/压变形。例如，此系统可以采用有限元方法进行建模，每个节点具有两个自由度(一个横向位移 y_i，一个转角 θ_i)。在处理网格时可使两个压电层的末端都与梁单元共节点。接下来，我们给出作动器上的电压 $V(t)$ 和传感器上的输出电压 $v_0(t)$ 的开环频响函数，以

及传感器的电压输出(假设外接电荷放大器)。

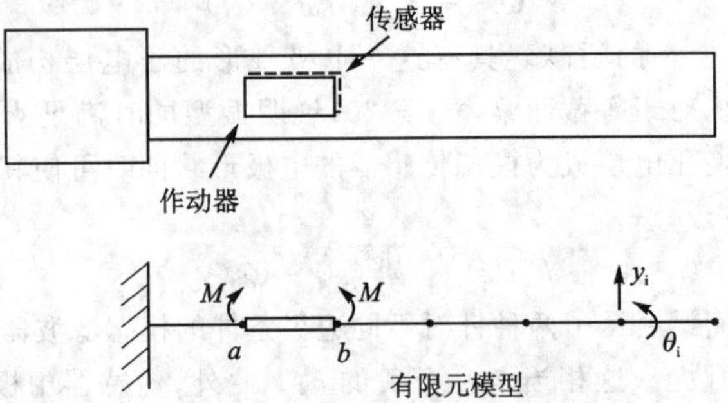

图 5-6　具有同位作动器-传感器的梁结构

5.4.1　频响函数

根据前述章节,长方形压电作动器的载荷等效于一对方向相反的弯矩 M,其大小与电压 V 成正比:

$$M = g_a V \tag{5.30}$$

式中,g_a 是作动器增益,可由作动器的尺寸和材料参数确定(见图 5-2)。在一般形式的运动方程中,外力为

$$f = bM = bg_a V \tag{5.31}$$

式中,向量 b 具有如 $b^{\mathrm{T}} = \{\cdots,0,-1,0,1,\cdots\}$ 的形式。其中的非零元素对应于处于 $x=a$ 和 $x=b$ 上的节点的转角自由度。在模态坐标系中,系统的动力学行为由一系列解耦的二阶常微分方程组确定:

$$\ddot{z}_k + 2\xi_k\omega_k\dot{z}_k + \omega_k^2 z_k = \frac{\phi_k^{\mathrm{T}} f}{\mu_k} = \frac{p_k}{\mu_k} \tag{5.32}$$

式中,ω_k是固有频率;ξ_k 是模态阻尼比;μ_k 是模态质量。采用拉普拉斯变换,还可以将上式写为

$$z_k = \frac{p_k}{\mu_k(s^2 + 2\xi_k\omega_k s + \omega_k^2)} \tag{5.33}$$

模态激振力这 p_k 表征外载荷在各模态上的功:

$$p_k = \phi_k^{\mathrm{T}} f = \phi_k^{\mathrm{T}} b g_a V = g_a V \Delta\theta_k^a \tag{5.34}$$

式中,$\Delta\theta_k^a = \phi_k^{\mathrm{T}} b$ 是第 k 阶模态振动中作动器两边缘之间的相对转角(斜率的差)。同样,根据式(5.14),传感器的输出也与斜率之差成正比,写为 $\Delta\theta^s$。在模态坐标系下,

$$v_0 = g_s \Delta\theta^s = g_s \sum_i z_i \Delta\theta_i^s \tag{5.35}$$

式中,g_s 是传感器增益,由传感器的尺寸、材料参数和电量放大器的增益确定;$\Delta\theta_i^s$ 是各模态的相对转角。注意到在欧拉-伯努利理论中,布置在同一位置上的作动器和传感器将具有相同的位移和转角,即

$$\Delta\theta_i^s = \Delta\theta_i^a = \Delta\theta_i \tag{5.36}$$

将作动器的方程式(5.34)、传感器的方程式(5.35)和模态坐标系下的系统动力学方程组式(5.33)结合起来，再将 s 替换为 jω，易得作动器上的电压 $V(t)$ 和传感器上的输出电压 $v_0(t)$ 的频响函数：

$$\frac{v_0}{V} = G(\omega) = g_a g_s \sum_{i=1}^{n} \frac{\Delta\theta_i^2}{\mu_i(\omega_i^2 - \omega^2 + 2\mathrm{j}\xi_i\omega_i\omega)} \tag{5.37}$$

5.4.2 零-极点图

对于无阻尼系统，其频响函数是一个实函数：

$$\frac{v_0}{V} = G(\omega) = g_a g_s \sum_{i=1}^{n} \frac{\Delta\theta_i^2}{\mu_i(\omega_i^2 - \omega^2)} \tag{5.38}$$

可见，对开环频响函数进行模态展开式，各模态的余项是恒为正的，同时由于对 $\omega \geqslant 0$ 有 $\mathrm{d}G(\omega)/\mathrm{d}\omega \geqslant 0$，意味着 $G(\omega)$ 在各固有频率间是递增的。在靠近固有频率时，$G(\omega)$ 从 $(\omega_i^-, -\infty)$ 跳跃到 $(\omega_i^+, +\infty)$，如图 5-7 所示；且在虚轴上具有交替出现的极点(共振)和零点(反共振)，如图 5-8(a)所示。实际上，对于弱阻尼系统，极点和零点的位置将稍微偏离至左半平面，如图 5-8(b)所示。

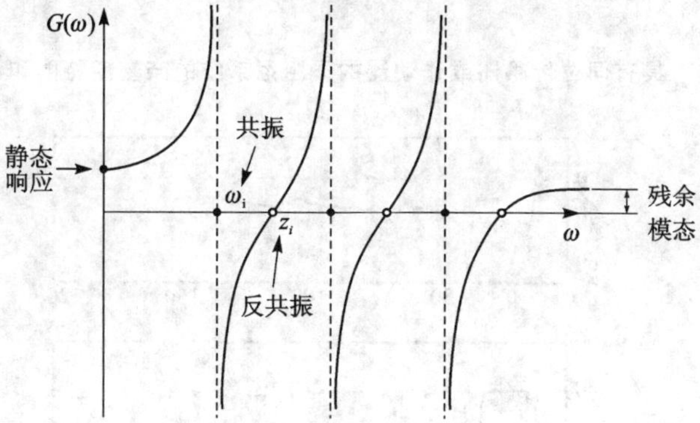

图 5-7　无阻尼同位系统的典型频响函数(取前三阶模态)

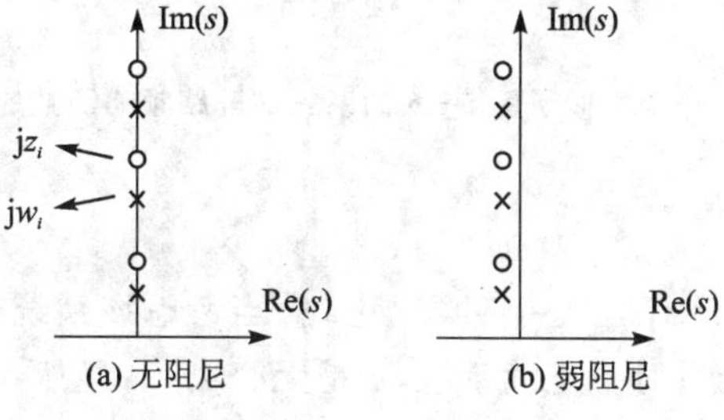

图 5-8　具有同位作动器式传感器的结构的零-极点图

一个同位的控制系统通常具有如图 5-9 所示的波德图和奈奎斯特图：每个模态

在奈奎斯特图上引入一个几乎关于虚轴对称的圈，并与虚轴相交于 ω_i 和 z_i，半径与 ξ_i^{-1} 成正比。在波德图中，通常在各极点处会出现 180°的相位延迟，且在虚部为零时补偿 180°，这导致相位总是在 0～－180°之间振荡。这一发生在极点和零点间的交错现象在弱阻尼系统的主动控制系统设计中有重要作用，它使得无论系统的刚度和质量的分布如何变化，都有可能设计出稳定可靠的控制器。图 5－10 展示了一组典型的实验测试结果，注意到 $G(\omega)$ 随着频率的升高并未明显衰减，这说明系统中存在馈通项，这与以模态截断表述的式(5.37)所揭示的规律不同[在高频段 $G(\omega)$ 与 ω^{-2} 成正比]。我们将在下一小节就个中原委进行论述。

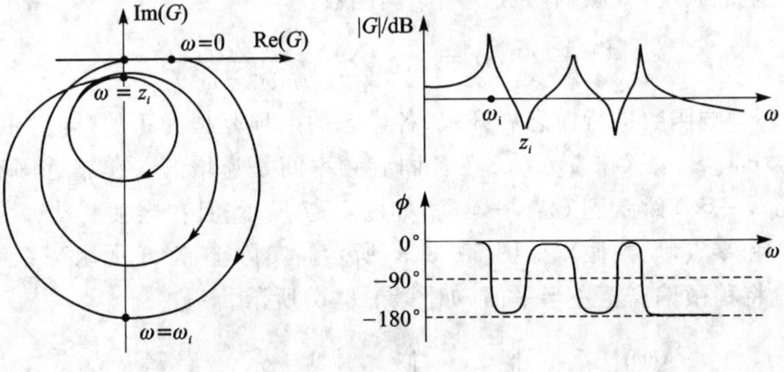

图 5－9　具有同位传感器或作动器的弱阻尼系统的奈奎斯特图和波德图

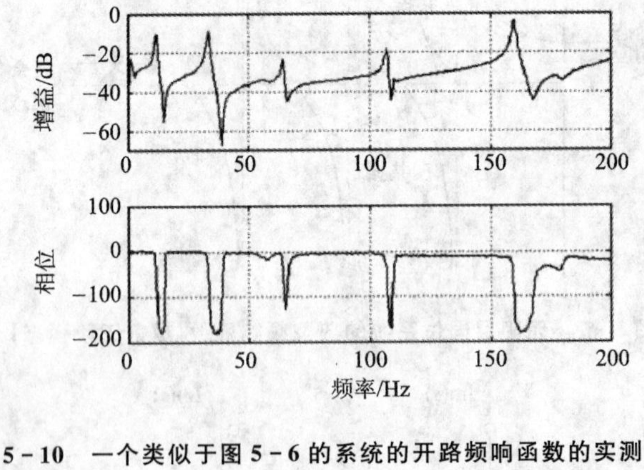

图 5－10　一个类似于图 5－6 的系统的开路频响函数的实测数据

5.4.3　模态截断

考察模态截断式(5.37)，从一般意义上，应当考虑该系统的所有模态(对于离散系统，n 是一个有限的数；对于连续系统，n 是无穷大)。显然，如果想在频率区间[0，ω_c]内建立一个较准确的模型，则所有在此频带内的模态都应该包含到这一截断中，然而更高频的模态却不能被完全忽略。事实上，可以将式(5.37)写为

$$G(\omega) = g_a g_s \sum_{i=1}^{n} \frac{\Delta\theta_i^2}{\mu_i \omega_i^2} \cdot H_i(\omega) \tag{5.39}$$

式中，第 i 阶模态的动态放大因子为

$$H_i(\omega) = \frac{1}{1 - \omega^2/\omega_i^2 + 2\mathrm{j}\xi_i\omega/\omega_i} \tag{5.40}$$

对于任意固有频率 ω_i 远大于 ω_c 的模态，在 $[0,\omega_c]$ 内 $H_i(\omega)\approx 1$，因此求和式(5.39)可以写为

$$G(\omega) = g_a g_s \sum_{i=1}^{m} \frac{\Delta\theta_i^2}{\mu_i \omega_i^2} \cdot H_i(\omega) + g_a g_s \sum_{i=m+1}^{n} \frac{\Delta\theta_i^2}{\mu_i \omega_i^2} \tag{5.41}$$

其中，m 的选取使得 $\omega_m >> \omega_c$。这一方程表述了这样的一个事实，即在低频时，高阶模态以"准静态"的方式响应。关于高频模态的求和式可以被进一步化简，注意到：

$$G(0) = g_a g_s \sum_{i=1}^{n} \frac{\Delta\,\theta_i^2}{\mu_i \omega_i^2} \tag{5.42}$$

导致式(5.41)可化简为

$$G(\omega) = g_a g_s \sum_{i=1}^{m} \frac{\Delta\theta_i^2}{\mu_i \omega_i^2} \cdot H_i(\omega) + \left[G(0) - g_a g_s \sum_{i=1}^{m} \frac{\Delta\theta_i^2}{\mu_i \omega_i^2}\right] \tag{5.43}$$

求和号中与 ω 无关的项通常来自高阶模态，被称为模态余项。上述方程还可以写为

$$G(\omega) = G(0) + g_a g_s \sum_{i=1}^{m} \frac{\Delta\theta_i^2}{\mu_i \omega_i^2} \cdot [H_i(\omega) - 1]$$

或者

$$G(\omega) = G(0) + g_a g_s \sum_{i=1}^{m} \frac{\Delta\theta_i^2}{\mu_i \omega_i^2} \cdot \frac{\omega^2/\omega_i^2 - 2\mathrm{j}\xi_i\omega/\omega_i}{1 - \omega^2/\omega_i^2 + 2\mathrm{j}\xi_i\omega/\omega_i} \tag{5.44}$$

在图 5-10 中观察到的馈通项在式(5.44)和式(5.43)中得到了清晰的说明。注意上述方程需要了解静态增益 $G(0)$ 的值，却不需要任何关于高阶模态的信息。

值得强调的是，实际上准静态修正对系统的开环频响函数 $G(\omega)$ 的零点值有显著的影响，因而对控制系统的效果也有较大的影响。根据图 5-7，显然忽略剩余模态(即准静态修正)会导致频响函数图像的末尾向横轴方向转向，这一行为会影响零点[即 $G(\omega)$ 与横轴的交点]的位置。而将准静态修正考虑在内时，系统的零点更倾向于靠近极点，一般来说这意味着系统的控制效果将会有所减弱。换言之，有这一具有普遍意义的观点：忽略剩余模态(高频模态的动力学)将导致对系统控制效果的高估。最后，值得注意的是，既然压电材料的等效载荷是自平衡的，应当不会影响系统的任何刚体位移。

5.5　压电层合板

在本章的第一部分中，通过哈密顿原理建立了描述压电悬臂梁的偏微分动力学方程组，给出了压电作动器产生的等效激振力。在描述压电层合板时可采用相似的

思路，只是更为繁复。本章的论述将基于 C. K. Lee 等在 1999 年针对典型的压电薄片的工作，对压电层的等效载荷或输出电荷给出解析的表达式。

5.5.1 二维本构方程

考虑处于(x,y)平面内的二维压电层合板，压电材料极化轴 z 垂直于层合板平面，因此电场同样沿 z 轴方向建立。根据压电材料的正交各项异性，本构关系式(4.62)和式(4.63)在此情形下可写为

$$\boldsymbol{T}=\boldsymbol{cs}-\begin{bmatrix}e_{31}\\e_{32}\\0\end{bmatrix}E_3 \tag{5.45}$$

$$D_3=\begin{bmatrix}e_{31} & e_{32} & 0\end{bmatrix}\boldsymbol{S}+\boldsymbol{\varepsilon}\boldsymbol{E}_3 \tag{5.46}$$

式中，应力和应变向量分别为

$$\boldsymbol{T}=\begin{bmatrix}T_{11}\\T_{22}\\T_{12}\end{bmatrix}\qquad \boldsymbol{S}=\begin{bmatrix}S_{11}\\S_{22}\\2S_{12}\end{bmatrix}=\begin{bmatrix}\partial u/\partial x\\\partial v/\partial y\\\partial u/\partial y+\partial v/\partial x\end{bmatrix} \tag{5.47}$$

$\boldsymbol{c}$ 是在恒定电场下的弹性矩阵；E_3 是 z 轴方向上的电场强度；E_3 是 z 轴方向上的电位移；ε 是在恒定应变(ε^s)下的介电常数。

5.5.2 基尔霍夫定律

基尔霍夫定律假设板的任意一条垂直于中性面的直线在变形后仍垂直于中性面。这相当于忽略了剪切变形 S_{23} 和 S_{31}。如图 5-11 所示，如果中性面的变形位移为 u_0、v_0、w_0，则垂直于中性面且距中性面距离 z 的点的变形位移为

$$\begin{aligned}u&=u_0-z\frac{\partial w_0}{\partial x}\\v&=v_0-z\frac{\partial w_0}{\partial y}\\w&=w_0\end{aligned} \tag{5.48}$$

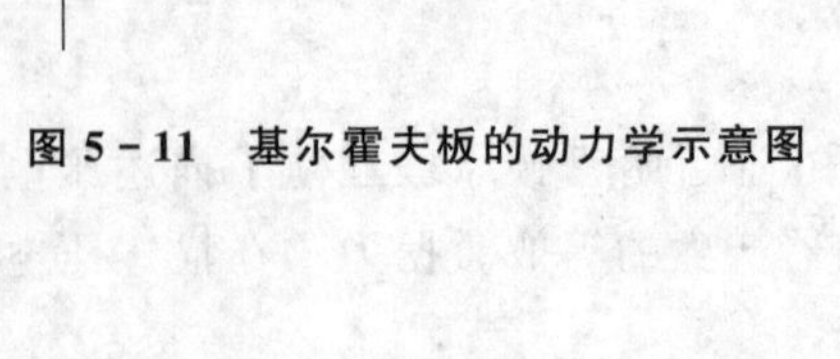

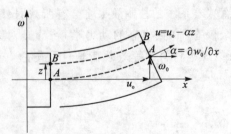

图 5-11 基尔霍夫板的动力学示意图

对应的应变为

$$\boldsymbol{S} = \boldsymbol{S}^0 + z\boldsymbol{k} \tag{5.49}$$

式中，

$$\boldsymbol{S}^0 = \begin{bmatrix} S_{11}^0 \\ S_{22}^0 \\ 2S_{12}^0 \end{bmatrix} = \begin{bmatrix} \partial u_0/\partial x \\ \partial v_0/\partial y \\ \partial u_0/\partial y + \partial v_0/\partial x \end{bmatrix} \tag{5.50}$$

是中性面的应变，而

$$\boldsymbol{k} = \begin{bmatrix} \kappa_{11} \\ \kappa_{22} \\ \kappa_{12} \end{bmatrix} = \begin{bmatrix} \partial^2 w_0/\partial x^2 \\ \partial^2 w_0/\partial y^2 \\ 2\partial^2 w_0/\partial y\partial x \end{bmatrix} \tag{5.51}$$

是应变曲率(第三项对应于扭转)。由于各层的刚度不一致，各层的应变也不一致，将应力沿各层的厚度积分，可将内力等效为作用在系统横截面上的合力和合力矩：

$$\begin{gathered} \boldsymbol{N} = \int_{-h/2}^{h/2} \boldsymbol{T}\mathrm{d}z \\ \boldsymbol{M} = \int_{-h/2}^{h/2} \boldsymbol{T}z\,\mathrm{d}z \end{gathered} \tag{5.52}$$

其中，力和力矩的正方向如图 5-12 所示。$\boldsymbol{N}$ 和 $\boldsymbol{M}$ 分别表示单位长度上的合力和单位长度上的合力矩。

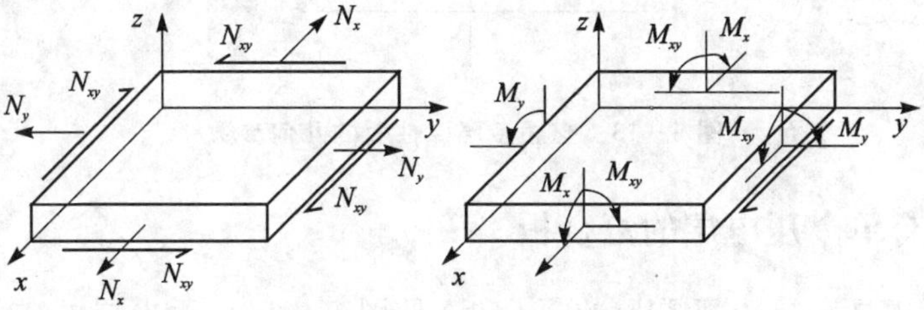

图 5-12　合力和合力矩

5.5.3　多层弹性复合板的刚度矩阵

在分析压电层合板之前，让我们先来对多层弹性复合板(见图 5-13)的刚度矩阵稍作整理。如果用 $\boldsymbol{c}_k$ 表示第 k 层的弹性矩阵，并在整体坐标下表述，则第 k 层的本构关系为

$$\boldsymbol{T} = \boldsymbol{c}_k\boldsymbol{s} = \boldsymbol{c}_k\boldsymbol{s}^0 + z\boldsymbol{c}_k\boldsymbol{k} \tag{5.53}$$

沿层合板的厚度方向积分，可得

$$\begin{bmatrix} \boldsymbol{N} \\ \boldsymbol{M} \end{bmatrix} = \begin{bmatrix} \boldsymbol{A} & \boldsymbol{B} \\ \boldsymbol{B} & \boldsymbol{D} \end{bmatrix} \begin{bmatrix} \boldsymbol{S}^0 \\ \boldsymbol{k} \end{bmatrix} \tag{5.54}$$

式中，

$$\boldsymbol{A} = \sum_{k=1}^{n} \boldsymbol{c}_k (h_k - h_{k-1})$$

$$\boldsymbol{B} = \frac{1}{2} \sum_{k=1}^{n} \boldsymbol{c}_k (h_k^2 - h_{k-1}^2) \tag{5.55}$$

$$\boldsymbol{D} = \frac{1}{3} \sum_{k=1}^{n} \boldsymbol{c}_k (h_k^3 - h_{k-1}^3)$$

式中的求和均关于所有的层，这些结果是复合薄板的经典结论。$\boldsymbol{A}$ 是层间合力与中性面应变之间的（拉/压）刚度矩阵；$\boldsymbol{D}$ 是板应变率与合力矩之间的（弯曲）刚度矩阵；$\boldsymbol{B}$ 是拉/压变形与弯曲变形之间的耦合刚度矩阵，同时由式(5.55)可见，如果层合板是对称的，则矩阵 $\boldsymbol{B}$ 将为零，因为互为对称的层对矩阵的取值有大小相等符号相反的贡献。

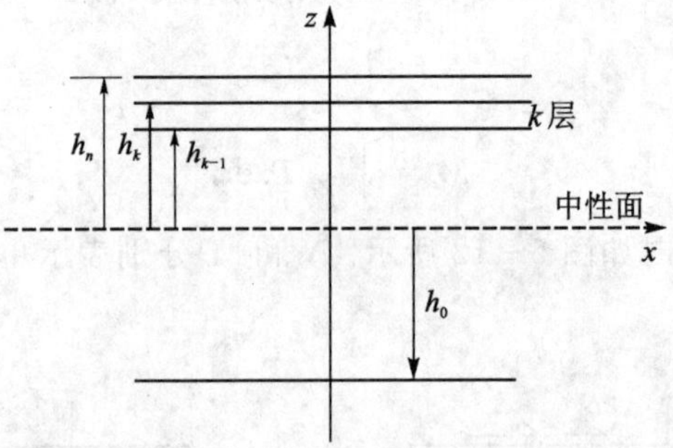

图 5-13　描述多层弹性板的几何参数

5.5.4　具有单个压电层的复合板

接着，考虑具有单个压电层的复合板（见图 5-14），压电层的本构关系见式(5.45)和式(5.46)。与上一小节类似，沿整个层合板的厚度积分，并将整体坐标系与压电片的极化坐标系设置为一致①，可得

$$\begin{bmatrix} \boldsymbol{N} \\ \boldsymbol{M} \end{bmatrix} = \begin{bmatrix} \boldsymbol{A} & \boldsymbol{B} \\ \boldsymbol{B} & \boldsymbol{D} \end{bmatrix} \begin{bmatrix} \boldsymbol{S}^0 \\ \boldsymbol{k} \end{bmatrix} + \begin{bmatrix} \boldsymbol{I}_3 \\ z_{\mathrm{m}} \boldsymbol{I}_3 \end{bmatrix} \begin{bmatrix} e_{31} \\ e_{32} \\ 0 \end{bmatrix} V \tag{5.56}$$

$$D_3 = [e_{31} \quad e_{32} \quad 0][\boldsymbol{I}_3 \quad z_{\mathrm{m}} \boldsymbol{I}_3] \begin{bmatrix} \boldsymbol{S}^0 \\ \boldsymbol{k} \end{bmatrix} - \varepsilon V / h_p \tag{5.57}$$

式中，V 是压电层电极间的电势差（$E=-V/h_p$）；h_p 是压电层的厚度；z_{m} 是压电层离中性面的距离；$\boldsymbol{I}_3$ 是秩为 3 的单位矩阵；$\boldsymbol{A}$、$\boldsymbol{B}$、$\boldsymbol{D}$ 见式(5.55)，在求和中，压电层的弹性参数从压电材料的本构关系中获取。在式(5.57)中，已假设压电层的厚度，因此其

①保证整体坐标系的 Z 轴为压电层的极化方向。——译者注

中的应变可以被处理为沿厚度方向大小不变。

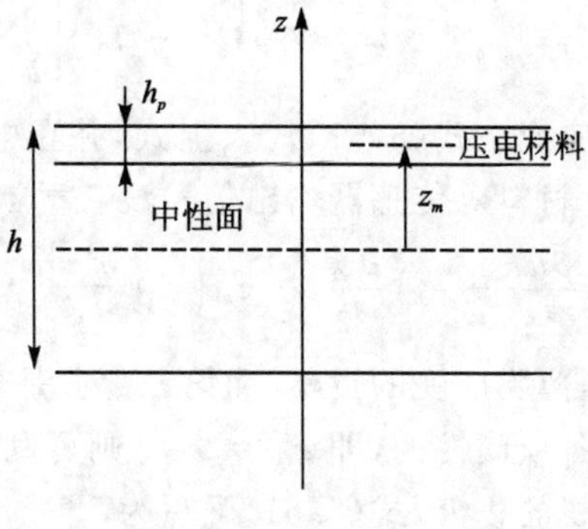

图 5－14　复合板中的压电层

5.5.5　等效压电载荷

如果没有外部机械载荷，$\boldsymbol{N}$ 和 $\boldsymbol{M}$ 为零，则式(5.56)可写为

$$\begin{bmatrix}\boldsymbol{A} & \boldsymbol{B}\\ \boldsymbol{B} & \boldsymbol{D}\end{bmatrix}\begin{bmatrix}\boldsymbol{S}^0\\ \boldsymbol{k}\end{bmatrix}=-\begin{bmatrix}\boldsymbol{I}_3\\ z_{\mathrm{m}}\boldsymbol{I}_3\end{bmatrix}\begin{bmatrix}e_{31}\\ e_{32}\\ 0\end{bmatrix}V \tag{5.58}$$

其中，等号右侧即是等效的压电载荷。如果材料是横观各向同性的，即 $e_{31}=e_{32}$，则等效压电载荷是静水的①。总之，等效压电载荷(见图 5－15)由一组与电极边缘垂直的平面内的分布力和作用在电极边缘的分布力矩构成：

$$\begin{aligned}N_p &= -e_{31}V\\ M_p &= -e_{31}z_{\mathrm{m}}V\end{aligned} \tag{5.59}$$

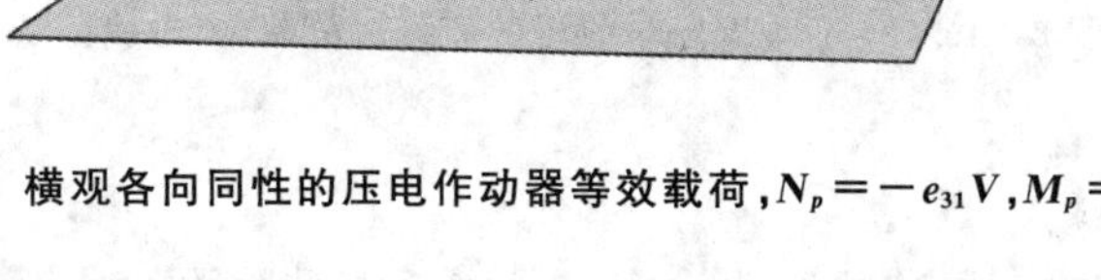

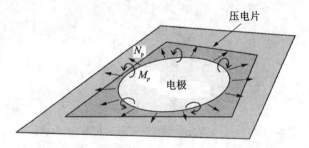

图 5－15　横观各向同性的压电作动器等效载荷，$\boldsymbol{N}_p=-e_{31}\boldsymbol{V}$，$\boldsymbol{M}_p=-e_{31}z_{\mathrm{m}}\boldsymbol{V}$

5.5.6　传感器输出

另一方面，如果压电层被用作传感器，且外接电荷放大器(相当于边界条件 $V\approx$

①其大小与覆盖有电极的那些压电材料的朝向无关。——译者注

0)，如图 5-4 所示，则式(5.57)成为

$$D_3 = \{e_{31} \quad e_{32} \quad 0\}[\boldsymbol{I}_3 \quad z_{\mathrm{m}}\boldsymbol{I}_3]\begin{bmatrix}\boldsymbol{S}^0\\ \boldsymbol{k}\end{bmatrix} \tag{5.60}$$

将中性面应变式(5.50)和应变率式(5.51)代入上式，并在电极覆盖的二维区间内积分(没有被电极覆盖的压电材料对传感器输出信号没有贡献)，可得

$$Q = \iint_{\Omega} D_3 \mathrm{d}\Omega = \iint_{\Omega}\left[e_{31}\frac{\partial u_0}{\partial x} + e_{32}\frac{\partial v_0}{\partial y} - z_{\mathrm{m}}\left(e_{31}\frac{\partial^2 w}{\partial x^2} + e_{32}\frac{\partial^2 w}{\partial y^2}\right)\right]\mathrm{d}\Omega \tag{5.61}$$

其中，被积分的第一部分是薄膜应变的贡献，而第二部分是弯曲运动的贡献。

如果压电材料是横观各项同性的，即 $e_{31} = e_{32}$，则可利用散度定理，将上述面积分进一步简化为对封闭曲线的积分，式(5.61)可写为

$$\begin{aligned} Q &= e_{31}\iint_{\Omega}\mathrm{div}\boldsymbol{u}_0 \mathrm{d}\Omega - e_{31} z_{\mathrm{m}}\iint_{\Omega}\mathrm{div}\cdot\mathrm{grad}\boldsymbol{w}\mathrm{d}\Omega \\ &= e_{31}\oint_{c}\boldsymbol{n}\cdot\boldsymbol{u}_0 \mathrm{d}l - e_{31} z_{\mathrm{m}}\oint_{c}\boldsymbol{n}\cdot\mathrm{grad}\boldsymbol{w}\mathrm{d}l \end{aligned}$$

式中，$\boldsymbol{n}$ 是指向积分平面向外的单位法向量，上式还可写为

$$Q = e_{31}\oint_{c}\left(\boldsymbol{n}\cdot\boldsymbol{u} - z_{\mathrm{m}}\frac{\partial \boldsymbol{w}}{\partial \boldsymbol{n}}\right)\mathrm{d}l \tag{5.62}$$

如图 5-16 所示，这一积分沿电极的边界进行，第一个积分项表征平面内垂直于电极边界的变形位移，而第二个积分项表征电极边界上的(弯曲)斜率。

值得再次注意的是，一个压电层既可以通过施加外部电压作为作动器——从而处理为等效载荷，也可以通过外接电荷放大器作为传感器——从而具有与结构变形相关的输出信号。

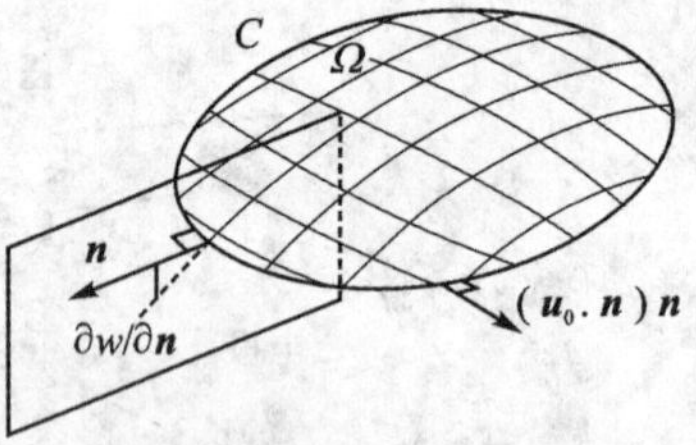

图 5-16　传感器输出中包含的变形成分，Ω 是电极区域

5.5.7　讨　论

在本章中，通过欧拉-伯努利假设完成了对压电悬臂梁的分析，通过基尔霍夫定律假设分析了压电层合板。当压电层用于作动时，悬臂梁和层合板各自对应的等效压电载荷分别如图 5-2 和 5-15 所示。当压电层用于传感时，传感器的输出可以按照与作动器"对偶"的方式理解，即作动模式下弯矩对应于传感模式下信号中电极边缘弯曲斜率的成分；作动模式下的平面内分布载荷对应于传感模式下信号中的平面

运动成分①。图5-17中有一个作一维伸缩变形的薄片结构,上贴一个矩形的压电片。其中展示了在两种理论中所对应的等效载荷:对于梁理论,等效载荷是一对作用在电极两端的弯矩[见图5-17(a)];而对于板理论,整个电极的边缘都有弯矩作用,且在平面内存在分布的载荷[见图5-17(b)]。如果结构占主导地位的变形是周向的伸缩,且关注的响应(例如端部位移)的位置远离作动器的位置,则有理由认为梁理论是足够适用的。然而,在主动振动控制中,通常关注的变形就是同位作动器/传感器布置的位置,以在较广的频域范围内保证开环频响在零点和极点之间的转换(5.4节讨论了理想同位传感/作动系统的一些内容);在这种情况下,结果证明在梁理论中所忽略掉的那些部分对传感器输出以及对等效载荷都并非小量,因而忽略这些因素通常在系统开环零点的预测中导致明显的误差(详见 Preumont,2002)。

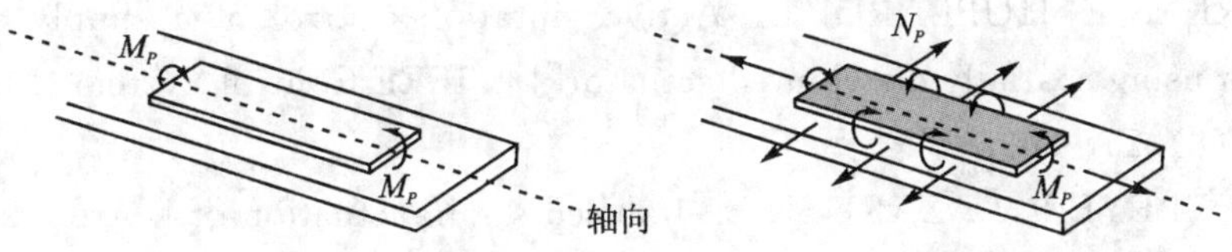

图5-17 不同理论中对于铺设矩形压电片的薄壳结构等效载荷的处理

同样,在实验中构建了由PZT压电片激振的悬臂梁,另一侧覆盖横观各向同性的PVDF层,按照5.3节给出的模态滤波器理论设置其电极形状。测试结果表明梁理论预测的开环频响函数与实测结果有明显的差异,而采用板理论所获得的预测结果则具有相当的精度(详见 Preumont 等,2003)。

本章引入基尔霍夫定律假设的目的仅仅是给出等效载荷式(5.59)和传感器输出式(5.61)和式(5.62)。而中线壳单元方法②已得到了广泛的发展(Piefort,2001)且形成了稳定的程序代码(SAM-CEF)。更多的关于采用有限元方法解决多层复合板的工作(见 Benjeddou,2000,Garcia Lage 等,2004,Heyliger 等,1996)以及这些参考文献引述的相关文献。近来新发展的PZT压电纤维(可交错编织电极,也可无电极),通常被支撑在一层聚合物包层之中,由于压电纤维和支撑材料的交界面上存在刚度差异,似乎难以准确地建模,这也成为该领域的一个尚待研究的问题。

对于梁结构③,通过设计电极的形状就可以构造模态滤波器。而对于板结构,该结论不能直接使用。针对二维平板结构的模态滤波器要求合适地设计压电常数,而压电常数是难以被准确地设计出来的(压电材料的极化不可控)。这一问题有望通过多孔电极得到解决,电极被分成若干较小的片,这些电极片的区域经过适当调整,可

①此处"对偶"可理解为:传感模式必定能获得在激振模式下所能在结构上激发起来的所有变形模式——能产生弯矩,就能感受弯曲变形;能产生平面内载荷,就能感受平面内变形。——译者注

②该单元是基于基尔霍夫定律假设的。——译者注

③实际上是"可用梁理论进行建模的结构"。——译者注

构造出实现模态滤波器所需要的那种均匀的压电常数，关于这一理论和设计方法参见 Preument 等。

5.6 参考文献

[1] AGARWALB D, BROUTMANL J. Analysis and Performance of Fiber Composites[M]. 2nd ed. New York: Wiley, 1990.

[2] BENJEDDOUA. Advances in piezoelectric finite elelment modelling of adaptive structural element: a survey[J]. Computers and Structures, 2000(76), 347-363.

[3] BURKES E, HUBBARDJ E. Active vibration control of a simply suported beam using spatially distributed actuator[J]. IEEE Control Systems Magazine, 1987(8), 25-30.

[4] CRAWLEYE F, LAZARUSK B. Induced strain actuation of isotropic and anisotropic plates[J]. AIAA 1991, 29(1): 944-951.

[5] DIMITRIADISE K, FULLERC R, ROGERSC A. Piezoelectric actuators for distributed vibration excitation of thin plates[J]. Trans. ASME, J of Vibration and Acoustics, 1991, 113(1): 100-107.

[6] GARCIA LAGER, MOTA SOARESC M, MOTA SOARESC A, et al. Layerwise partial mixed finite element analysis of magnetoeletro-elastic plates[J]. Computers an Structures, 2004(82), 1293-1301.

[7] HEYLIGERP, PEIK C, SARAVANOSD. Layerwise mechanics and finite element model for laminated piezoelectric shells[J]. AIAA, 1996, 34(1): 2353-2360.

[8] HWANGW S, PARKH C. Finite element modeling of piezoelectric sensors and actuators[J]. AIAA, 1993, 31(1): 930-937.

[9] LEE C K. Theory of laminated piezoelectric plates for the design of distributed sensors/actuators-Part 1: Governing equations and reciprocal relationships[J]. J of Acoustical Society of America, 1990, 87(3): 1144-1158.

[10] LEEC K, CHIANGW W, O'SULLIVANT C. Piezoelectric modal sensor/actuator pairs for critical active damping vibration control[J]. J of Acoustical Society of America, 1991, 90(1): 374-384.

[11] LEEC K, MOONF C. Modal sensors/actuators[J] Trans. ASME, J of Applied Mechanics, 1990, 57(6): 434-441.

[12] LERCHR. Simulation of piezoelectric devices by two-and three-dimensional finite elements[J]. IEEE Transaction on Ultrasonics, Ferroelectrics, and Fre-

quency Control,1990,37(3).
[13] PIEFORTV. Finite element modelling of piezoelectric active structures, PhD Thesis,University Libre de Bruxelles,Active Structures Laboratory,2001.
[14] PREUMONTA. Vibration Control of Active Structures,An Introduction[M]. 2nd ed. Amsterdam:Kluwer,2002.
[15] PREUMONTA, FRANCOISA, DE MANP. et al. Spatial filters in structural control[J]. Journal of Sound and Vibration,2003(265),61-79.
[16] PREUMONTA, FRANCOIS A, DE MANP et al. Distributed sensors with piezoelectric films in design of spatial filters for structural control[J]. Journal of Sound and Vibration,2005(282),701-712.
[17] REXJ, ELLIOTTS J,The QWSIS. A new sensor for structural radiation control[M]. Yokohama: MOVIC-1,1992.

第 6 章　基于压电换能器的主动和被动阻尼技术

6.1　引　言

阻尼对极具破坏性的共振响应起主要的抑制作用，图 6-1 以对于单自由度振动系统为例，给出了阻尼率 ξ（以百分比形式给出）对如下指标的影响：1）共振频率处的动态放大因子（以 dB 为单位）；2）将系统的单位脉冲响应降低至 50％所需的周期数。图 6-1 中还给出了几种典型场合下结构系统所具有的阻尼值。

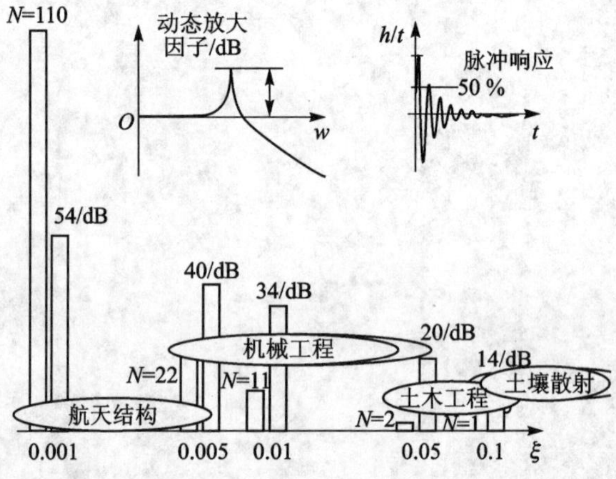

图 6-1　阻尼率对动态放大因子和使脉冲响应降低至 50％的周期数的影响

在本章中，将考虑具有一个或多个压电换能器的结构，并分析如何才能利用这些换能器产生主动或被动的阻尼。主动阻尼技术可由传感器、作动器和反馈回路组成，有一系列值得探讨的主题，例如稳定性、鲁棒性等。在本章的分析中，我们着重讨论具有同位传感器-作动器的系统，以利用此类系统所具有的交替的极点和零点的开环频响函数。当然，正是由于这一性质，可设计出具有保稳性的控制方法，其稳定性不受结构参数的变化影响。被动阻尼技术也可以通过压电换能器实现。在此类系统中，结构的振动能量首先被转换为电能，再通过被动电路中的阻性元件耗散掉。如果能合理地设计换能器的位置，使得其具有的机械能最大化，并使得其将机械能转换为电能的能力最大，就能达到较好的振动抑制效果。前者取决于结构的设计：某个模态将振动能量集中于换能器中的程度以“模态应变能分数”v_i 描述。换能器将机械能转换为电能的能力以“机电耦合因子”k 来描述，其本质上是一个材料参数，近来发展

的新型压电材料的 k_{33} 值甚至可达 0.7，这使得这些材料在被动阻尼的应用中极具优势。v_i 和 k 可同时被考虑在“广义机电耦合因子”k_i 中。①

在本章的第一部分中，将分析具有同位压电传感器和力传感器的主动阻尼技术，采用具有保稳性的集成力反馈作为控制律。对该控制律的两种实现手段（电压控制和电流控制）进行了比较，且采用根轨迹法估计了各模态的阻尼比。值得注意的是，采用电压控制的系统性能仅与模态应变能分数有关，而采用电流控制的系统的性能还与机电耦合系数有关。接着，将分析具有电阻分支的被动振动控制技术，该问题同样可利用根轨迹方法进行分析。同样给出了基于电感分支的被动振动控制方法，通过外接一个 RL 分支构造与机械系统具有相等的固有频率的电谐振系统，相当于在结构上附加了一个动力隔振器。此时系统的阻尼效果将得到显著地提升，若电场和机械场未能谐振，其振动抑制效果将远弱于电阻分支电路。在本章的最后，将对自感应的作动器以及怎样利用其改善系统的传递函数进行论述。同时还将给出另外的一些控制策略。

6.2　主动式结构，开环频响函数

考察如图 6-2 所示的系统，有一个具有同位传感器-作动器的线性结构，其中传感器测量的是作动器对结构施加的力 f。作动器可由电流源或电压源驱动，而力传感器可由一个外接电荷放大器的压电传感器实现（见图 6-3）。根据本构关系式（4.6），若传感器的电极有边界条件 $V=0$，则 $Q=[nd_{33}]^s f$。根据图 5-4(c)，传感器的电压输出与作用在其上的力成正比：

$$y=-\frac{Q}{C_1}=-\frac{[nd_{33}]^s f}{C_1}=g_s f \tag{6.1}$$

式中，$[nd_{33}]^s$ 是传感器的材料参数；C_1 是电荷放大器的电容；g_s 是传感器增益。

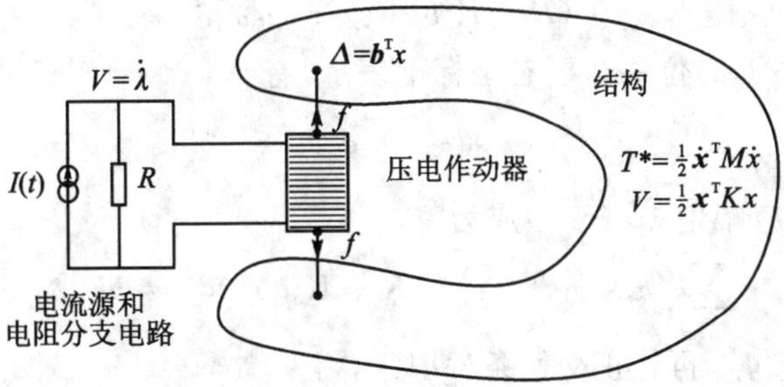

图 6-2　线性压电换能器

① 见式(6.65)和式(6.66)，不同的文献对于广义机电耦合系数的定义有一些小的区别。——译者注

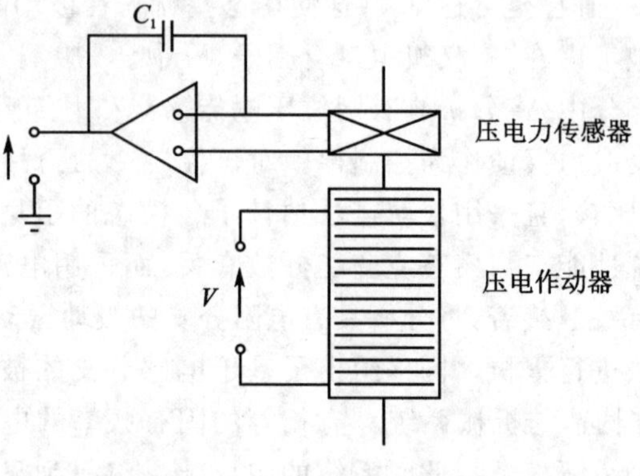

图 6-3　由(同位的)压电作动器和压电力传感器构成的主动式结构

图 6-2 所示的系统已在第 4 章进行过讨论,如果作动器外接一个电压源,则由式(4.27)可知系统的动力学方程为

$$\boldsymbol{M}\ddot{\boldsymbol{x}} + (\boldsymbol{K} + K_a \boldsymbol{b}\boldsymbol{b}^{\mathrm{T}})\boldsymbol{x} = \boldsymbol{b}K_a\delta \tag{6.2}$$

式中,$\delta = nd_{33}V$ 是作动器在电压 V 下的自由变形;$\boldsymbol{K}$ 是结构的刚度矩阵(同时包含了作动器和传感器的刚度);$\boldsymbol{b}$ 是作动器在整体坐标系下的投影矩阵。方程的右端是等效压电载荷。

在拉普拉斯变换后,式(6-2)可写为

$$x = (\boldsymbol{M}s^2 + \boldsymbol{K} + K_a\boldsymbol{b}\boldsymbol{b}^{\mathrm{T}})^{-1}\boldsymbol{b}K_a\delta \tag{6.3}$$

式中,$(\boldsymbol{M}s^2 + \boldsymbol{K} + K_a\boldsymbol{b}\boldsymbol{b})^{-1}$ 是系统的动柔度矩阵。令 $\boldsymbol{\phi}_i$ 为系统的正则振型向量,则其为特征值问题的解:

$$(\boldsymbol{K} + K_a\boldsymbol{b}\boldsymbol{b}^{\mathrm{T}} - \omega_i^2\boldsymbol{M})\boldsymbol{\phi}_i = 0 \tag{6.4}$$

同时满足正交性条件:

$$\boldsymbol{\phi}_i^{\mathrm{T}}\boldsymbol{M}\boldsymbol{\phi}_j = \mu_i\delta_{ij} \tag{6.5}$$

$$\boldsymbol{\phi}_i^{\mathrm{T}}(\boldsymbol{K} + K_a\boldsymbol{b}\boldsymbol{b}^{\mathrm{T}})\boldsymbol{\phi}_j = \mu_i\omega_i^2\delta_{ij} \tag{6.6}$$

如果将整体坐标系下的位移在模态坐标下表示,有

$$x = \sum_j \alpha_j\boldsymbol{\phi}_j \tag{6.7}$$

式中,α_j 是模态响应幅值,式(6.2)成为

$$\sum_j s^2\alpha_j\boldsymbol{M}\boldsymbol{\phi}_j + \sum_j \alpha_j(\boldsymbol{K} + K_a\boldsymbol{b}\boldsymbol{b}^{\mathrm{T}})\boldsymbol{\phi}_j = \boldsymbol{b}K_a\delta \tag{6.8}$$

在等式两侧都左乘 $\boldsymbol{\phi}_i^{\mathrm{T}}$,再将正交性条件引入,得

$$\alpha_i = \frac{\boldsymbol{\phi}_i^{\mathrm{T}}}{\mu_i(\omega_i^2 + s^2)}\boldsymbol{b}K_a\delta \tag{6.9}$$

$$x = \sum_{i=1}^{n} \frac{\boldsymbol{\phi}_i\boldsymbol{\phi}_i^{\mathrm{T}}}{\mu_i(\omega_i^2 + s^2)}\boldsymbol{b}K_a\delta \tag{6.10}$$

与式(6.3)相比较,可获得动柔度矩阵的模态展开式,为

$$(\boldsymbol{M}s^2+\boldsymbol{K}+K_a\boldsymbol{b}\boldsymbol{b}^{\mathrm{T}})^{-1}=\sum_{i=1}^{n}\frac{\boldsymbol{\phi}_i\boldsymbol{\phi}_i^{\mathrm{T}}}{\mu_i(\omega_i^2+s^2)} \tag{6.11}$$

另一方面，根据式(4.6)中所示的作动器本构关系，有

$$\Delta=\boldsymbol{b}^{\mathrm{T}}\boldsymbol{x}=nd_{33}V+f/K_a=\delta+f/K_a \tag{6.12}$$

表明作动器两端的总位移是由压电效应产生的位移和弹性形变产生的位移的叠加。再结合同位传感器的本构方程式(6.1)，有

$$y=g_sf=g_sK_a(\boldsymbol{b}^{\mathrm{T}}\boldsymbol{x}-\delta) \tag{6.13}$$

代入式(6.10)中，可得按模态展开表达的系统开环传递函数：

$$\frac{y}{\delta}=g_sK_a\left[\sum_{i=1}^{n}\frac{(\boldsymbol{b}^{\mathrm{T}}\boldsymbol{\phi}_i)^2K_a}{\mu_i\omega_i^2}\frac{1}{s^2/\omega_i^2+1}-1\right] \tag{6.14}$$

注意到 $\boldsymbol{b}^{\mathrm{T}}\boldsymbol{\phi}_i$ 是作动器在系统按第 i 阶模态振动时的位移，同时比例系数为

$$\nu_i=\frac{(\boldsymbol{b}^{\mathrm{T}}\boldsymbol{\phi}_i)^2K_a}{\mu_i\omega_i^2}=\frac{\boldsymbol{\phi}_i^{\mathrm{T}}(K_a\boldsymbol{b}\boldsymbol{b}^{\mathrm{T}})\boldsymbol{\phi}_i}{\boldsymbol{\phi}_i^{\mathrm{T}}(\boldsymbol{K}+K_a\boldsymbol{b}\boldsymbol{b}^{\mathrm{T}})\boldsymbol{\phi}_i} \tag{6.15}$$

表征在第 i 阶模态下，作动器应变能(的 2 倍)与总应变能(的 2 倍)的比值。因此，开环传递函数可整理为

$$\frac{y}{\delta}=g_sK_a\left[\sum_{i=1}^{n}\frac{\upsilon_i}{s^2/\omega_i^2+1}-1\right] \tag{6.16}$$

再进行替换 $s=\mathrm{j}\omega$，即可得到开环频响函数

$$\frac{y}{\delta}=G(\omega)=g_sK_a\left[\sum_{i=1}^{n}\frac{\upsilon_i}{1-\omega^2/\omega_i^2}-1\right] \tag{6.17}$$

其中的求和应包含该系统的所有模态①。V_i 是第 i 阶模态在模态展开式中的贡献，同时也可视为第 i 阶模态的能控性和能观性的指标，目前已经可以通过一些商业有限元软件计算得到。上述结果是通过忽略系统中的阻尼得到的，若对具有模态阻尼比的弱阻尼系统，则应有

$$\frac{y}{\delta}=g_sK_a\left[\sum_{i=1}^{n}\frac{\upsilon_i}{1+2\mathrm{j}\xi_i\omega/\omega_i-\omega^2/\omega_i^2}-1\right] \tag{6.18}$$

由式(6.17)和式(6.12)，可得结构在电压激励下的自由变形与实际位移输出之间的开路频响函数：

$$\frac{\Delta}{\delta}=\sum_{i=1}^{n}\frac{\upsilon_i}{1-\omega^2/\omega_i^2} \tag{6.19}$$

对于系统的静力学响应，实际上从式(6.2)也可获得，即令 $\omega=0$，则

$$\Delta=\boldsymbol{b}^{\mathrm{T}}(\boldsymbol{K}+K_a\boldsymbol{b}\boldsymbol{b}^{\mathrm{T}})^{-1}\boldsymbol{b}K_a\delta \tag{6.20}$$

因此，对于式(6.19)也有

$$\left(\frac{\Delta}{\delta}\right)_{\omega=0}=\sum_{i=1}^{n}\upsilon_i=\boldsymbol{b}^{\mathrm{T}}(\boldsymbol{K}+K_a\boldsymbol{b}\boldsymbol{b}^{\mathrm{T}})^{-1}\boldsymbol{b}K_a=\frac{K_a}{K^*} \tag{6.21}$$

①即未截断，因为本书的讨论认为模态截断误差较大，应引入高频模态的准静态修正。——译者注

式中，K^* 是系统沿压电作用器两端的刚度(结构刚度+作动器的短路刚度)。这一结果有助于将模态展开式截断于第 m 阶模态处。结合在 5.4.3 节中已给出的讨论，对于 $\omega << \omega_m$，可用如下近似：

$$\frac{y}{\delta} = G(\omega) \approx g_s K_a \left[\sum_{i=1}^{m} \frac{\nu_i}{(1-\omega^2/\omega_i^2)} + \sum_{i=m+1}^{n} \nu_i - 1 \right] \tag{6.22}$$

同时由式(6.21)，模态余项可由静力学响应和模态应变能在低频模态的截断表达：

$$\sum_{i=m+1}^{n} v_i = \frac{K_a}{K^*} - \sum_{i=1}^{m} v_i \tag{6.23}$$

从而导致

$$G(\omega) \approx g_s K_a \left[\sum_{i=1}^{m} \frac{\nu_i \omega^2}{\omega_i^2 - \omega^2} + \frac{K_a}{K^*} - 1 \right] \tag{6.24}$$

若考虑阻尼，则有

$$G(\omega) \approx g_s K_a \left[\sum_{i=1}^{m} \frac{\nu_i (\omega^2 - 2\xi_i \omega_i \omega)}{\omega_i^2 - \omega^2 + 2\mathrm{j}\xi_i \omega_i \omega} + \frac{K_a}{K^*} - 1 \right] \tag{6.25}$$

值得注意的是，若要保证对控制系统动力学行为的准确预测，就要仔细地考虑模态截断，这一内容在 5.4.3 节以及本章中都有所涉及。

6.3 基于集成力反馈的主动阻尼技术

6.3.1 电压控制

将系统的动力学方程式(6.2)作拉普拉斯变换，有

$$\boldsymbol{M}s^2 \boldsymbol{x} + (\boldsymbol{K} + K_a \boldsymbol{b}\boldsymbol{b}^{\mathrm{T}})x = \boldsymbol{b}K_a \delta \tag{6.26}$$

力传感器的输出如式(6.13)所示，为

$$y = f = g_s K_a (\Delta - \delta) = g_s K_a (\boldsymbol{b}^{\mathrm{T}} \boldsymbol{x} - \delta) \tag{6.27}$$

控制律集成力反馈的表达式为

$$\delta = \frac{g}{g_s K_a s} y \tag{6.28}$$

(为正反馈)其中，$1/s$ 表征积分运算；分母中所含的常数 $g_s K_a$ 是为了无量纲化的目的。结合上述三式，易得系统的闭环特征方程为

$$\left[\boldsymbol{M}s^2 + (\boldsymbol{K} + K_a \boldsymbol{b}\boldsymbol{b}^{\mathrm{T}}) - \frac{g}{s+g}(K_a \boldsymbol{b}\boldsymbol{b}^{\mathrm{T}}) \right] \boldsymbol{x} = 0 \tag{6.29}$$

当 $g \to 0$ 时(开环极点)系统的渐进根为

$$[\boldsymbol{M}s^2 + (\boldsymbol{K} + K_a \boldsymbol{b}\boldsymbol{b}^{\mathrm{T}})] \boldsymbol{x} = 0 \tag{6.30}$$

该特征值问题的解为系统在电极被短路时的固有频率 ω_i。反之，当 $g \to \infty$ 时(开环零点，z_i)特征值问题：

$$[\boldsymbol{M}s^2 + \boldsymbol{K}] \boldsymbol{x} = 0 \tag{6.31}$$

对应于作动器的轴向刚度作用被屏蔽的情形。值得注意的是，根据所设计的压电材料与结构的连接方式，换能器对系统的刚度贡献也许不止轴向刚度项 $K_a\boldsymbol{b}\boldsymbol{b}^{\mathrm{T}}$，因此其他除轴向刚度外的刚度贡献都应被计入 $\boldsymbol{K}$ 中，以达到对零点的 z_i 精确预测。例如，将具有转动刚度弹性铰链近似为球铰链，在一些精密的仪器的零点计算中也许会导致显著的影响。

6.3.2　模态坐标系

闭环动力学方程可经由坐标变换 $\boldsymbol{x}=\boldsymbol{\Phi\alpha}$ 在模态坐标系下进行表述，其中 $\boldsymbol{\Phi}=(\cdots\phi_i\cdots)$ 是振型矩阵，设这些振型经过 $\boldsymbol{\Phi}^{\mathrm{T}}\boldsymbol{M\Phi}=\boldsymbol{I}$ 进行正则化，其中的每一个振型向量是特征值问题的解。则存在正交性条件：

$$\boldsymbol{\Phi}^{T}(\boldsymbol{K}+K_a\boldsymbol{b}\boldsymbol{b}^{\mathrm{T}})\boldsymbol{\Phi}=\boldsymbol{\omega}^2=\mathrm{diag}(\omega_i^2) \tag{6.32}$$

式中，ω_i 是系统的短路固有频率。在式(6.17)中已展示了开环频响函数的模态展开表达式，实际上，由于所有的模态余项都为正，保证了零点和极点的交替出现，如图 6-4(a)所示。采用集成力反馈后系统的闭环根轨迹图如图 6-5 所示。

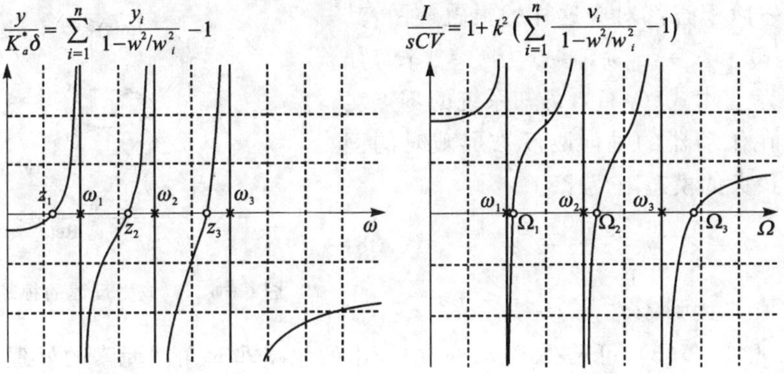

(a) 开环频响函数　　(b) 导　纳

图 6-4　开环频响函数和导纳

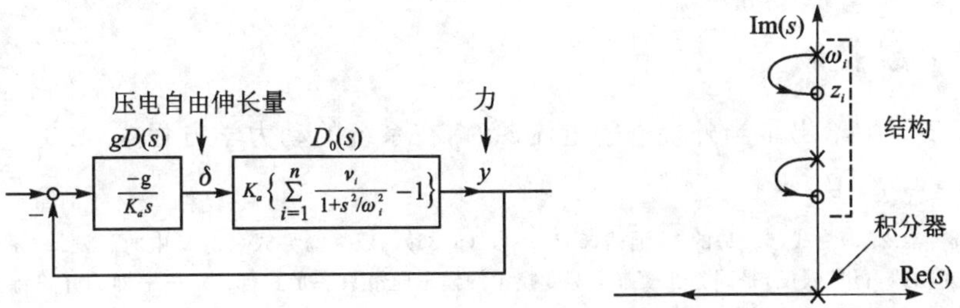

(a) 集成力反馈的框图　　(b) 典型的根轨迹图(2模态系统)

图 6-5　集成力反馈的框图和典型的根轨迹图(2 模态系统)

将式(6.29)经由坐标变换式 $x=\boldsymbol{\Phi}\boldsymbol{\alpha}$ 转换到模态空间中，并利用正交性条件，可得

$$\left[\boldsymbol{I}s^2+\omega^2-\frac{g}{s+g}\boldsymbol{\Phi}^{\mathrm{T}}(K_a\boldsymbol{b}\boldsymbol{b}^{\mathrm{T}})\boldsymbol{\phi}\right]\boldsymbol{\alpha}=0 \tag{6.33}$$

通常，矩阵 $\boldsymbol{\Phi}^{\mathrm{T}}(K_{\mathrm{a}}\boldsymbol{b}\boldsymbol{b}^{\mathrm{T}})\boldsymbol{\Phi}$ 是满阵，假设其对角线占优，并忽略非对角线元素，则可写为

$$\boldsymbol{\Phi}^{\mathrm{T}}(K_a\boldsymbol{b}\boldsymbol{b}^{\mathrm{T}})\boldsymbol{\Phi}\approx\mathrm{diag}(\nu_i\omega_i^2) \tag{6.34}$$

利用式(6.15)中关于模态应变能分数的表述，式(6.33)可写为一组解耦合的方程：

$$s^2+\omega_i^2-\frac{g}{s+g}v_i\omega_i^2=0 \tag{6.35}$$

注意到：

$$z_i^2=\omega_i^2(1-v_i) \tag{6.36}$$

因此可将式(6.35)写为

$$1+g\frac{s^2+z_i^2}{s(s^2+\omega_i^2)}=0 \tag{6.37}$$

这说明每一阶模态都对应这样的根轨迹图，其极点为 $s=0$ 和 $s=\pm\mathrm{j}\omega_i$，零点为 $\mathrm{s}=\pm\mathrm{j}z_i$，如图6-6所示。由式(6.31)，可知系统的零点对应于系统在作动器的轴向刚度被屏蔽时的固有频率。最大的模态阻尼比为

$$\xi_i^{\max}=\frac{\omega_i-z_i}{2z_i} \tag{6.38}$$

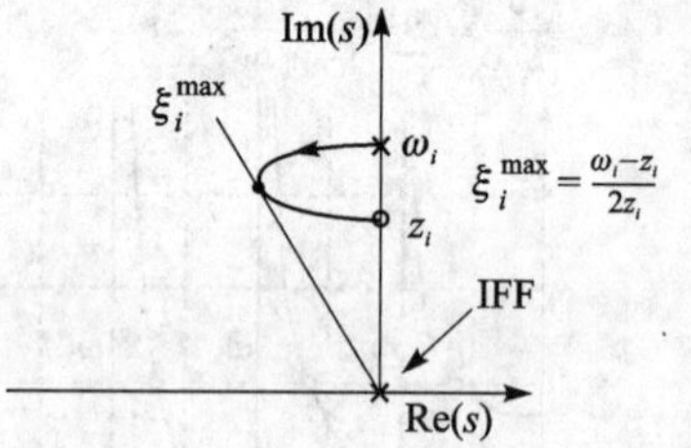

图6-6 集成力反馈的根轨迹图

且该最大值的达到条件是 $g=\omega_i\sqrt{\omega_i/z_i}$。比较图6-6和6-5(b)，可见在式(6.34)中采用的忽略非对角线元素的处理导致了零点的表达式为式(6.36)。同时，图6-5(b)中的每一阶模态的根轨迹图可独立地绘制，若采用式(6.36)近似地表征了零点 z_i、极点 ω_i、模态应变能分数 V_i 之间的关系，则可用式(6.31)的根作为 Z_i 进行根轨迹图的绘制①。

6.3.3 电流控制

4.4.2节中给出了当外接理想电流源时，在系统的动力学方程式(4.30)中，可用

①闭环零点 Z_i 即为式(6.31)的根，而式(6.35)和式(6.36)的成立需要式(6.34)中的假设。之所以需要一个所谓的“对角线占优”假设，是因为在模态坐标变换中的模态向量只满足式(6.32)——即为开路特征向量(振型)，而文中希望以满足此特征方程的特征根去解耦系统的闭环特征方程式(6.29)，而严格讲这在数学上是无法实现的，因此需要此“对角线占优”假设。非对角线元素的意义是开路模态之间的“耦合”，可以这样理解：压电材料按照第 n 阶(开路)模态振动产生电压 V，而此电压 V 同时可激起第 m 阶(开路)模态的振动，这样，这两阶(开路)模态产生了耦合，不再独立。然而，正如书中所言，这一耦合通常是较小的。因而我们仍然可以认为，系统闭环后的振型和固有频率与开环时相同，这一假设广泛地在压电悬臂梁的建模中采用。——译者注

$\delta = nd_{33} I/sC = nd_{33} Q/C$ 表征作动器在电荷 Q 作用下的自由变形。由本构关系式(4.9)，传感器的输出方程可写为

$$y = g_s f = g_s \frac{K_a}{1-k^2}(\boldsymbol{b}^{\mathrm{T}}\boldsymbol{x} - \delta) \tag{6.39}$$

与式(6.13)的形式十分相似，只不过对应的刚度项为电极开路时的刚度 $K_a/1-k^2$。若对电量 Q 实施集成力控制，即等效于按照比例对作动器的电流进行控制：

$$\delta = \frac{g}{g_s[K_a/(1-k^2)]s} y \tag{6.40}$$

(同样地，常数 $g_s[K_a/(1-k^2)]$ 的引入是出于无量纲化的需求。)结合上述三式，易得特征根问题，其解为闭环系统的极点：

$$[\boldsymbol{M}s^2 + (\boldsymbol{K} + \frac{K_a}{1-k^2}\boldsymbol{b}\boldsymbol{b}^{\mathrm{T}}) - \frac{g}{s+g}\frac{K_a}{1-k^2}\boldsymbol{b}\boldsymbol{b}^{\mathrm{T}}]\boldsymbol{x} = 0 \tag{6.41}$$

当 $g \to 0$ 时，渐进根满足：

$$\left[\boldsymbol{M}s^2 + \left(\boldsymbol{K} + \frac{K_a}{1-k^2}\boldsymbol{b}\boldsymbol{b}^{T}\right)\right]\boldsymbol{x} = 0 \tag{6.42}$$

其解为当电极开路时整个结构的固有频率 Ω_i。另一方面，当 $g \to \infty$ 时(开环零点，z_i)的渐进根也是式(6.31)的解。根据前述章节中的处理过程，可将式(6.41)转换到模态坐标系下①，即闭环极点是如下方程的根：

$$1 + g\frac{s^2 + z_i^2}{s(s^2 + \Omega_i^2)} = 0 \tag{6.43}$$

这与式(6.37)相似，只不过此处以开路固有频率 Ω_i 替换了式(6.37)中的短路固有频率 ω_i。根据类似于图 6-6 的根轨迹图，可知系统的最大阻尼率为[将式(3.8)中的 ω_i 替换为 Ω_i]：

$$\xi_i^{\max} = \frac{\Omega_i - z_i}{2z_i} \tag{6.44}$$

值得注意的是，这一结果是通过假设振型与电边界条件无关②：

$$\Omega_i^2 = \boldsymbol{\phi}_i^{\mathrm{T}}(\boldsymbol{K} + \frac{K_a}{1-k^2}\boldsymbol{b}\boldsymbol{b}^{\mathrm{T}})\boldsymbol{\phi}_i = \boldsymbol{\phi}_i^{\mathrm{T}}(\boldsymbol{K} + K_a\boldsymbol{b}\boldsymbol{b}^{\mathrm{T}})\boldsymbol{\phi}_i + \frac{k^2}{1-k^2}\boldsymbol{\phi}_i^{\mathrm{T}}K_a\boldsymbol{b}\boldsymbol{b}^{\mathrm{T}}\boldsymbol{\phi}_i \tag{6.45}$$

或者利用式(6.15)的假设条件得到

$$\Omega_i^2 \approx \omega_i^2\left(1 + \frac{k^2}{1-k^2}v_i\right) \tag{6.46}$$

---

①此模态空间也是"系统的开环模态空间"。

②这也是"对角线占优"假设的另一种理解方式：即无论何种电边界条件，都可以用"开环模态向量"来解耦闭环动力学方程，因此，应该特别注意式(6.45)中的 $\boldsymbol{\phi}_i$ 并不是式(6.42)的解，而是式(6.32)的解—正是根据"振型不受电边界条件的影响"这一假设，我们近似认为 $\boldsymbol{\phi}_i$ 是式(6.42)的解。——译者注

6.4 压电换能器的导纳

在 4.4.3 节中已讨论过作动器自身的导纳,讨论了机电耦合因子对短路和开路刚度的影响。在这里,将讨论更复杂的情景,即讨论作动器连接到一个结构(为尽可能的简化讨论,假设结构无机械阻尼)上的情形。此类系统的动力学行为已在 4.4 节中得到了讨论,令式(4.25)和式(4.26)中的 $R\to\infty$ 以及 $F=0$,可得

$$(\boldsymbol{M}s^2+\boldsymbol{K}+K_a\boldsymbol{b}\boldsymbol{b}^{\mathrm{T}})\boldsymbol{x}=\boldsymbol{b}K_and_{33}V \tag{6.47}$$

$$I=sC(1-k^2)V+snd_{33}K_a\boldsymbol{b}^{\mathrm{T}}\boldsymbol{x} \tag{6.48}$$

式中,第一个式子表征结构的动力学行为;第二个式子为作动器的本构关系。由式(6.47),可知

$$\boldsymbol{x}=(\boldsymbol{M}s^2+\boldsymbol{K}+K_a\boldsymbol{b}\boldsymbol{b}^{\mathrm{T}})^{-1}\boldsymbol{b}K_and_{33}V \tag{6.49}$$

同时,将如式(6.11)所示的模态展开式引入,并根据式(4.8)和式(6.15),可得

$$\Delta=\boldsymbol{b}^{\mathrm{T}}\boldsymbol{x}=\sum_{i=1}^{n}\frac{\boldsymbol{b}^{\mathrm{T}}\boldsymbol{\phi}_i\boldsymbol{\phi}_i^{\mathrm{T}}\boldsymbol{b}}{\mu_i(\omega_i^2+s^2)}nd_{33}K_aV \tag{6.50}$$

$$I=sC(1-k^2)V+snd_{33}K_a\sum_{i=1}^{n}\frac{\boldsymbol{b}^{\mathrm{T}}\boldsymbol{\phi}_i\boldsymbol{\phi}_i^{\mathrm{T}}\boldsymbol{b}}{\mu_i(\omega_i^2+s^2)}nd_{33}K_aV \tag{6.51}$$

$$I=sC(1-k^2)V+sCk^2\sum_{i=1}^{n}\frac{v_i}{1+s^2/\omega_i^2}V \tag{6.52}$$

最终,可获得模态减缩的导纳的频响函数:

$$\frac{I}{sCV}=1+k^2\left(\sum_{i=1}^{n}\frac{v_i}{1-\omega^2/\omega_i^2}-1\right) \tag{6.53}$$

该函数的图像如图 6-4(b)所示。该图同时可由将图 6-4(a)横向翻转 90°得到。该图再次展示出系统所具有的交替的零点和极点。该图中的极点与系统开环频响函数的极点相同,同时也是系统的短路固有频率。另一方面,导纳的零点为当式(6.48)中 $I=0$ 时如下方程的解:

$$sC(1-k^2)V+snd_{33}K_a\boldsymbol{b}^{\mathrm{T}}\boldsymbol{x}=0 \tag{6.54}$$

将式(6.47)代入,消去 V,并利用式(4.8)中关于机电耦合系数的定义,可得系统的极点为如下方程的解:

$$\left(\boldsymbol{M}s^2+\boldsymbol{K}+\frac{K_a}{1-k_2}\boldsymbol{b}\boldsymbol{b}^{\mathrm{T}}\right)\boldsymbol{x}=0 \tag{6.55}$$

此式与式(6.42)相同,意味着导纳的零点为系统的开路极点。因此,在单独的导纳(或阻抗)测量中,可以确定系统的短路固有频率 ω_i 和开路固有频率 Ω_i。

6.5 基于阻性分支电路的被动阻尼技术

在式(4.25)和式(4.26)的基础上，令 $F=0$，$I=0$（即不再外接电流源），则其对应的动力学方程在拉普拉斯变换后为

$$(\boldsymbol{M}s^2+\boldsymbol{K}+K_a\boldsymbol{b}\boldsymbol{b}^{\mathrm{T}})\boldsymbol{x}=\boldsymbol{b}K_a n d_{33}V \tag{6.56}$$

$$[sRC(1-k^2)+1]V=-sRnd_{33}K_a\boldsymbol{b}^{\mathrm{T}}\boldsymbol{x} \tag{6.57}$$

两式消去 V，并引入 K^2 的定义，可得系统的特征方程：

$$\left[\boldsymbol{M}s^2+(\boldsymbol{K}+K_a\boldsymbol{b}\boldsymbol{b}^{\mathrm{T}})+\frac{k^2K_a\boldsymbol{b}\boldsymbol{b}^{\mathrm{T}}}{(1-k^2)+1/sRC}\right]\boldsymbol{x}=0 \tag{6.58}$$

当 $R=0$ 时，此式与式(6.30)相同，其解为系统的短路固有频率 ω_i；当 $R\to\infty$ 时，上式与式(6.42)相同，其解为系统的开路固有频率 Ω_i。重复类似与前述章节中的操作，将特征方程在模态坐标下表达，并设 $\rho=RC$，可以发现对每一个模态的，都有特征方程：

$$s^2+\omega_i^2+\frac{k^2v_i\omega_i^2}{1-k^2+1/\rho s}=0 \tag{6.59}$$

此式经式(6.46)，可写为

$$1+\frac{1}{\rho(1-k^2)}\frac{s^2+\omega_i^2}{s(s^2+\Omega_i^2)}=0 \tag{6.60}$$

所以，尽管阻性分支电路严格意义上讲不是一种含反馈的主动控制技术，但是其特征方程的根也可以写为可利用经典的根轨迹方法分析的形式，其中 $1/\rho(1-k^2)$ 可视为反馈增益。其根轨迹同样形如图 6-6，具有开环极点 $\pm \mathrm{j}\Omega_{\mathrm{i}}$ 和闭环零点 $\pm \mathrm{j}\omega_i$。如图 6-6所示，其最大可提供的阻尼比为

$$\xi_i^{\max}=\frac{\Omega_i-\omega_i}{2\omega_i}\approx\frac{\Omega_i^2-\omega_i^2}{4\omega_i^2} \tag{6.61}$$

同时，根据式(6.46)，有

$$\xi_i^{\max}\approx\frac{k^2\nu_i}{4(1-k^2)} \tag{6.62}$$

此式表明了模态应变能分数 v_i 和机电耦合因子 k 对具有阻性分支的压电系统的被动阻尼性能的影响。然而所有模态的阻尼并不能同时达到最大，因为在本章讨论的情形下，只外接了一组电路，因而在一个时刻只能有一个 ρ 值①。

图 6-7 和表 6-1 归纳了上述三种控制规律的结论。表 6-1 的第四行给出了根据式(6.61)所估计的最大可达的模态阻尼比；在这些表达式中都清晰地展示了模

①若设置多组电路，并用电容一电感选通电路使得在一阶模态下只有与之对应的那一个分支被导通，则可实现对多阶模态的振动抑制。——译者注

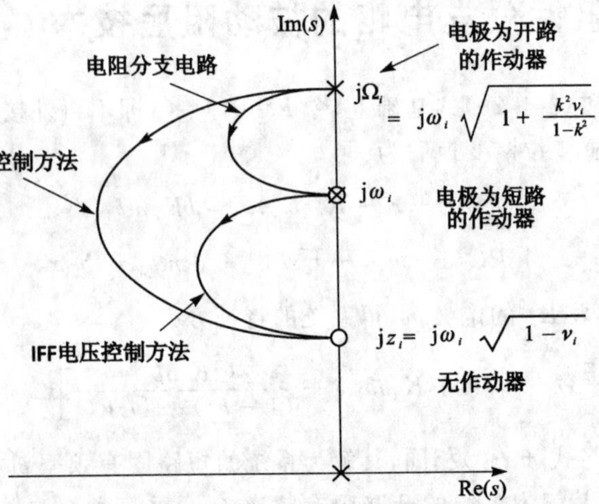

图 6-7　各种控制规律所对应的根轨迹图

态应变能分数 v_i 和机电耦合因子 k 的影响。图 6-8 展示了在各种控制策略中，这两个参数和对最大模态阻尼比的影响。注意到:1)对于采用电压控制实现的集成力反馈系统,其最大模态阻尼比与机电耦合因子无关;2)对于采用电流控制实现的集成力反馈系统,其最大模态阻尼总是好于采用电压控制的系统,且机电耦合因子 k 越大优势越大;3)对于阻性分支电路系统,系统的最大模态阻尼比仅当机电耦合系数 k 较大时可达较大的值,因此可采用新近发展的 $k\geqslant 0.7$ 的那些压电材料。

表 6-1　采用各种控制规律时,系统的开环极/零点和最大模态阻尼比

控制方式	开环极点	开环零点	最大阻尼比
集成力反馈 IFF (电压控制)	$\pm j\omega_i$ (短路)	$\pm jz_i \approx j\omega_i\sqrt{1-v_i}$	$\frac{v_i}{4(1-v_i)}$
集成力反馈 IFF (电流控制)	$\pm j\Omega_i \approx j\omega_i\sqrt{1+\frac{k^2 v_i}{1-k^2}}$	$\pm jz_i$ (无换能器)	$\frac{v_i}{4(1-v_i)(1-k^2)}$
电阻分支电路	$\pm j\Omega_i$ (开路)	$\pm j\omega_i$	$\frac{k^2 v_i}{4(1-k^2)}$
电感分支电路	p_1, p_2	$0, \pm j\Omega_i$	$\frac{1}{2}\sqrt{\frac{k^2 v_i}{1-k^2}}$

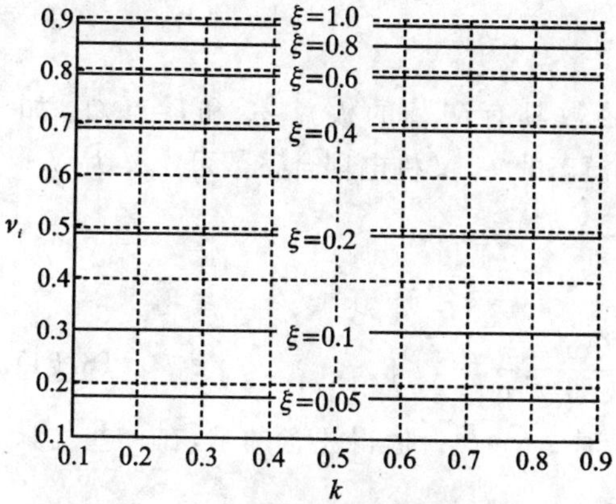

(a) 电压控制的集成力反馈

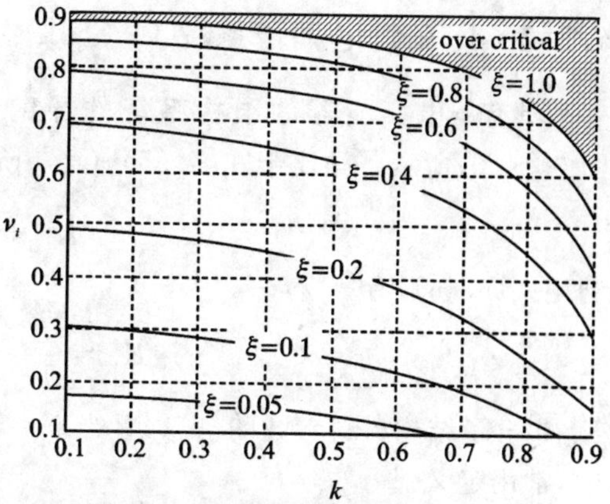

(b) 电流控制的集成力反馈

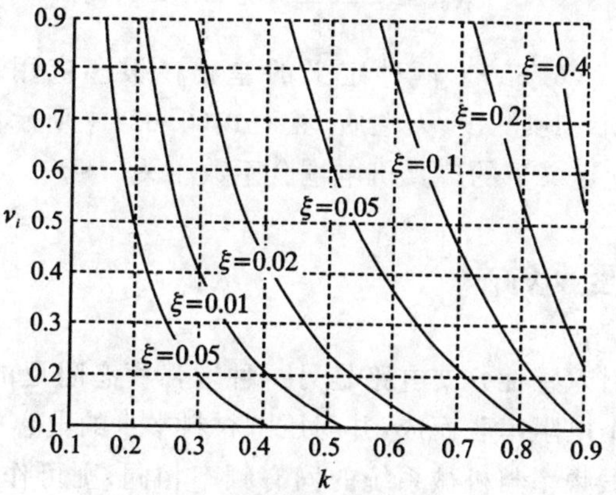

(c) 阻性分支电路

图 6-8　最大模态阻尼与 V_i 和 k 的关系

6.5.1　采用负电容增强阻尼效果

由式(6.62)可知，阻性分支电路系统的阻尼效果极大地依赖于机电耦合因子 k 的取值。由图 6-8(c)可知，当 $k>0.7$ 时，在通常可达的 v_i 值下即可达到显著的阻尼效果(阻尼比大于 0.05 的)。另一方面，在 4.4.5 节中讨论了负电容对主动结构的机电耦合因子的增强作用，即：若在压电换能器中并联一个负电容 $-C_1$[$C_1<C(1-k^2)$]，则该换能器可等效为具有如下参数的换能器[如式(4.43)和式(4.44)]：

$$C^* = C - C_1 \qquad k^{*2} = k^2 \frac{C}{C-C_1}$$

因此，阻性分支电路的阻尼效果可以通过在电极上并联负电容来得到提升，同样也可用根轨迹法来分析该问题，只要在式(6.60)和式(6.46)中以 k^* 来计算 Ω_i^2；对于最大阻尼比，只需将式(6.62)中的 k 替换为 k^*。采用负电容来增强阻尼效果的提法初见于(Forward，1979)；然而该领域中尚有一些关于系统稳定性问题待探究。

6.5.2 广义机电耦合系数

具有压电换能器的结构系统的导纳函数具有交替的极点 ω_i 和零点 Ω_i，如图 6-4(b)所示。类比于式(4.35)，(第 i 阶模态的)广义机电耦合系数可定义为

$$K_i^2 = \frac{\Omega_i^2 - \omega_i^2}{\Omega_i^2} \tag{6.63}$$

利用式(6.46)，有

$$K_i^2 = \frac{k^2 v_i}{1 - k^2 + k^2 v_i} \tag{6.64}$$

K_i^2 包含了结构材料参数的信息，且当 $v_i = 1$ 时 $K_i^2 = k^2$。值得注意的是，在一些文献中，常用定义：

$$K_i^2 = \frac{\Omega_i^2 - \omega_i^2}{\omega_i^2} = \frac{k^2 v_i}{1 - k^2} \tag{6.65}$$

替代本书中的定义式(6.63)。两种定义的差异在很多应用场合并不明显，但式(6.65)并不具备当 $v_i = 1$ 时 $K_i = k$ 性质，然而式(6.62)中所示的被动分支电路的最佳阻尼值却直接与此定义下的广义机电耦合系数相关。

6.6 感性分支电路

在压电结构中引入感性分支电路是另一种增强模态阻尼的方法；感性分支电路可由一个电感和一个电阻串联而成，并与压电材料本身的电容构造一个电谐振系统。若此外接电路的谐振频率与机械系统的固有频率相同，则可作为一个等效的动力隔振器，这一理论最早由 Hagood 于 Flotow 子 1991 年提出。考虑如图 6-9 所示的系统，换能器外接一个 RL 电路。取电场参数为 λ 和 λ_1，则拉格朗日函数可写为

$$L = \frac{1}{2}\dot{\boldsymbol{x}}^{\mathrm{T}}\boldsymbol{M}\dot{\boldsymbol{x}} - \frac{1}{2}\boldsymbol{x}^{\mathrm{T}}(\boldsymbol{K} + K_a\boldsymbol{b}\boldsymbol{b}^{\mathrm{T}})\boldsymbol{x} + C(1-k^2)\frac{\dot{\lambda}^2}{2} + nd_{33}K_a\dot{\lambda}\boldsymbol{b}^{\mathrm{T}}\boldsymbol{x} - \frac{1}{2}\lambda_1^2/L \tag{6.66}$$

非保守力的虚功为

$$\delta W_{nc} = -\frac{\dot{\lambda} - \dot{\lambda}_1}{R}\delta(\dot{\lambda} - \dot{\lambda}_1) \tag{6.67}$$

或采用耗散函数的表述，为

$$D = \frac{1}{2}\frac{(\dot{\lambda} - \dot{\lambda}_1)^2}{R} \tag{6.68}$$

由拉格朗日方程可得系统的动力学方程(拉普拉斯变换后)：

$$\boldsymbol{M}s^2 x + (\boldsymbol{K} + K_a\boldsymbol{b}\boldsymbol{b}^{\mathrm{T}})\boldsymbol{x} = \boldsymbol{b}K_a n d_{33} s\lambda \tag{6.69}$$

$$s[C(1-k^2)s\lambda + nd_{33}K_a\boldsymbol{b}^{\mathrm{T}}\boldsymbol{x}] + \frac{s(\lambda - \lambda_1)}{R} = 0 \tag{6.70}$$

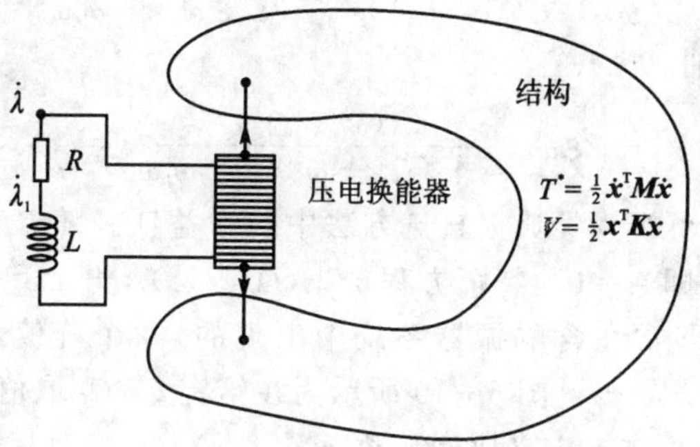

图 6-9　感性分支电路

$$\frac{\lambda_1}{L} + \frac{s(\lambda_1 - \lambda)}{R} = 0 \tag{6.71}$$

可由后两式消去 λ_1，成为

$$[sC(1-k^2) + Y_{SH}]\lambda = -nd_{33}K_a \boldsymbol{b}^T \boldsymbol{x} \tag{6.72}$$

其中，

$$Y_{SH} = (R + Ls)^{-1} \tag{6.73}$$

表征分支电路的导纳。将式(6.72)代入式(6.69)消去 λ，可得特征值问题：

$$\left[\boldsymbol{M}s^2 + (\boldsymbol{K} + K_a \boldsymbol{b}\boldsymbol{b}^T) + \frac{k^2}{(1-k^2)} \cdot \frac{K_a \boldsymbol{b}\boldsymbol{b}^T}{[1 + Y_{SH}/sC(1-k^2)]}\right]\boldsymbol{x} = 0 \tag{6.74}$$

$$\frac{Y_{SH}}{sC(1-k^2)} = \frac{1}{(R+Ls)sC(1-k^2)} = \frac{1/LC(1-k^2)}{s^2 + (R/L)s} = \frac{\omega_e^2}{s^2 + 2\xi_e\omega_e s} \tag{6.75}$$

其中，电谐振频率定义为

$$\omega_e^2 = \frac{1}{LC(1-k^2)} \tag{6.76}$$

电阻尼定义为

$$2\xi_e\omega_e = \frac{R}{L} \tag{6.77}$$

将问题表达到模态空间后，采用前述章节的处理，可见每一阶模态都由独立的特征方程描述：

$$s^2 + \omega_i^2 + \frac{k^2 v_i \omega_i^2}{1-k^2}\left[\frac{s^2 + 2\xi_e\omega_e s}{s^2 + 2\xi_e\omega_e s + \omega_e^2}\right] = 0 \tag{6.78}$$

或者

$$s^2 + \Omega_i^2 + \frac{k^2 v_i \omega_i^2}{1-k^2}\left[\frac{-\omega_e^2}{s^2 + 2\xi_e\omega_e s + \omega_e^2}\right] = 0 \tag{6.79}$$

式中，Ω_i 是开路固有频率；ω_i 是短路固有频率。上述特征方程可以进一步展开，为

$$(s^2 + \Omega_i^2)(s^2 + 2\xi_e\omega_e s + \omega_e^2) - \frac{k^2 v_i}{1-k^2}\omega_i^2\omega_e^2 = 0 \tag{6.80}$$

或者

$$s^4+2\xi_e\omega_e s^3+(\Omega_i^2+\omega_e^2)s^2+2\Omega_i^2\xi_e\omega_e s+\omega_i^2\omega_e^2=0 \tag{6.81}$$

写为根轨迹的形式，即

$$1+2\xi_e\omega_e\frac{s(s^2+\Omega_i^2)}{s^4+(\Omega_i^2+\omega_e^2)s^2+\omega_i^2\omega_e^2}=0 \tag{6.82}$$

在式(6.82)中，$2\xi_e\omega_e$ 可视为经典根轨迹方法中的增益项。随着 R 的增大，极点趋向于 $\pm \mathrm{j}\Omega_i$；当 $R=0$ 时(即 $\xi_e=0$)，特征方程 $s^4+(\Omega_i^2+\omega_e^2)s^2+\omega_i^2\omega_e^2$ 将有两个根，对应于经典频响曲线中的(即常在含隔振器系统中出现的)两个峰值，一个大于 $\mathrm{j}\Omega_i$，设为 p_1，另一个小于 $\mathrm{j}\Omega_i$，设为 p_2。图 6-10 所示为在给定 ω_i/Ω_i 取值的情况下，比较了不同电谐振频率下的根轨迹。定义比例系数：

$$\alpha_e=\frac{\omega_e\omega_i}{\Omega_i^2} \tag{6.83}$$

该根轨迹包含两个回路，分别从 p_1 和 p_2 开始，一个回路终止于 $\mathrm{j}\Omega_i$，另一个终止于实数轴(靠近 $-\Omega_i$)。若 $\alpha_e>1$[见图 6-10(a)]，始于 p_1 的回路将终于实数轴，而始于 p_2 的回路将终于 $\mathrm{j}\Omega_i$。此外，始于 p_1 的回路将具有更大的阻尼比(注意到，若 $\omega_e\to\infty$，$p_1\to\infty$ 以及 $p_2\to \mathrm{j}\omega_i$，即此时始于 p_2 的回路将与阻性分支电路的根轨迹一致)。相反地，若 $\alpha_e>1$[见图 6-10(b)]，则始于 p_1 的回路将止于 $\mathrm{j}\Omega_i$；而始于 p_2 的回路将止于实数轴，同时也将具有更大的阻尼。若 $\alpha_e=1$[见图 6-10(c)]，两个回路将具有等大的阻尼，且相交于 Q 点。该重根获得的条件是

$$\alpha_e=\frac{\omega_e\omega_i}{\Omega_i^2}=1,\ \xi_e^2=1-\frac{\omega_i^2}{\Omega_i^2} \tag{6.84}$$

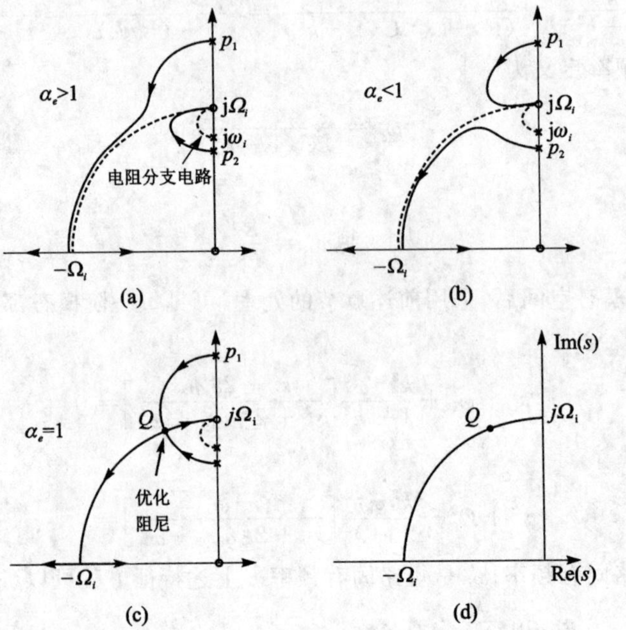

图 6-10　感性分支电路的根轨迹图

此情形可被视为感性分支电路的最佳谐振频率[注意到，与式(6.63)相比，$\xi_e^2 = K_i^2$，因此该最佳阻尼恰好与广义机电耦合系数相等]。对应的特征根应满足：

$$s^2 + \Omega_i^2 + \Omega_i \left(\frac{\Omega_i^2}{\omega_i^2} - 1\right)^{1/2} s = 0 \tag{6.85}$$

当 $\omega_i \Omega_i$（即 K_i）的取值变化时，最佳的极点 Q 在半径为 Ω_i 的圆周上移动，如图 6-10(d)所示。将上式与常规的单自由度动力学方程作对比，易知对应的模态阻尼比为

$$\xi_i = \frac{1}{2}\left(\frac{\Omega_i^2}{\omega_i^2} - 1\right)^{1/2} = \frac{1}{2}\left(\frac{K_i^2}{1 - K_i^2}\right)^{1/2} \approx \frac{K_i}{2} \tag{6.86}$$

当然，利用式(6.46)也可将最佳模态阻尼比表述为几点耦合因子和模态应变能分数的关系：

$$\xi_i = \frac{1}{2}\left(\frac{k^2 v_i}{1 - k^2}\right)^{1/2} \tag{6.87}$$

显然，式(6.87)中所示的模态阻尼比取值明显地高于阻性电路[实际上是式(6.62)所示的取值的平方根]，在表 6-1 中将该结果加入对比之中。然而，值得注意的是，该最优值对电路系统是否谐振非常敏感。图 6-11 展示了这一性质，给出了阻性电路和非谐振感性电路的阻尼比 ξ_i 的变化规律，并令固有频率（也是电路的设计谐振频率）ω_i 逐渐远离激振力频率 ω'_i。同时，对于极点 p_1 和 p_2 的阻尼比变化规律也绘制在图中，$\omega'_i \Omega'_i$ 比值在该图的计算过程中始终保持不变。由图 6-11 可见，感性分支电路的阻尼效果随着非谐振程度的增大将迅速地降低，甚至低于阻性电路的阻尼值。另一个值得注意的问题是，对于低频模态，最佳的电感值通常是非常大的，这样大的电感值只能通过电子元件合成。多模态的压电动力隔振器研究见（Hollkamp，1994）。

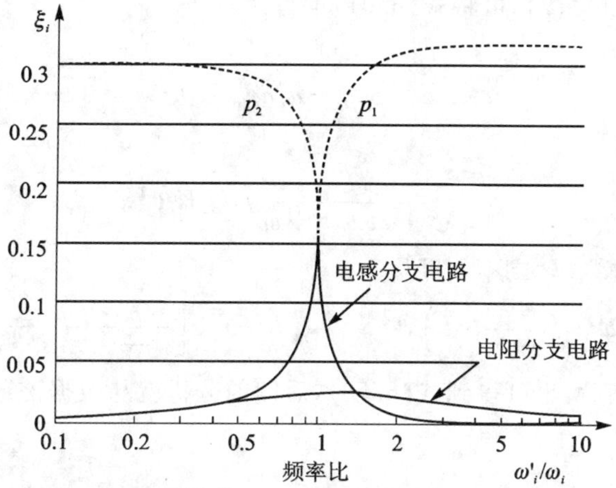

图 6-11　阻性电路和非谐振感性电路的阻尼比变化曲线。ω_i 是结构的固有频率（也是电路的设计谐振频率），ω'_i 是激振力频率（$k=0.5, v_i=0.3$）

本章中的所有讨论都基于线性非时变滤波器①。而近来，兴起了一种基于状态转换的非线性方法，换能器外接一个固态的状态转换电路，可周期性地将压电材料两极的电荷周期性地转移到一个(具有相反电势差的)较小的电感上(Guyomar，Richard，2005)。

下面介绍另一种等效的分析格式。

虽然在对压电系统的分析中，本书一直采用的是磁通量作为电场变量。然而，也可以使用电流格式。在很多情形下，使用电流格式可能会导致变量数目较多，不易处理。然而就本章所讨论的感性分支电路而言，采用该格式却能带来便利。因为外接电路用一个电流变流就可以表示(而需要两个磁通量参数)。设为 $\dot{\boldsymbol{q}}$ 图 6-9 所示分支电路中的电流，拉格朗日函数可写为

$$L = T^* + W_m^* - V - W_e \tag{6.88}$$

式中，T^* 和 V 对应系统的结构部分的动能和势能；W_m^* 表征电感中的磁余能，$W_m^* = (1/2)L\dot{q}^2$；W_e 表征压电换能器的机电耦合能量，见式(4.13)。

$$L = \frac{1}{2}\dot{\boldsymbol{x}}^{\mathrm{T}}\boldsymbol{M}\dot{\boldsymbol{x}} + \frac{1}{2}L\dot{q}^2 - \frac{1}{2}\boldsymbol{x}^{\mathrm{T}}\boldsymbol{K}\boldsymbol{x} - \frac{q^2}{2C(1-k^2)} + \frac{nd_{33}K_a}{C(1-k_2)}q\boldsymbol{b}^{\mathrm{T}}\boldsymbol{x} - \frac{K_a}{1-k_2}\frac{(\boldsymbol{b}^{\mathrm{T}}\boldsymbol{x})^2}{2} \tag{6.89}$$

耗散函数为 $D=(1/2)R\dot{q}^2$。对应于自由度 x 和 q 的动力学方程分别为

$$\boldsymbol{M}\ddot{\boldsymbol{x}} + \left(\boldsymbol{K} + \frac{K_a}{1-k^2}\boldsymbol{b}\boldsymbol{b}^{\mathrm{T}}\right)\boldsymbol{x} - \frac{bnd_{33}K_a}{C(1-k^2)}q = 0 \tag{6.90}$$

$$L\ddot{q} + R\dot{q} + \frac{q}{C(1-k^2)} - \frac{nd_{33}K_a}{C(1-k^2)}\boldsymbol{b}^{\mathrm{T}}\boldsymbol{x} = 0 \tag{6.91}$$

根据式(6.76)和式(6.77)，可将式(6.91)重写为

$$\ddot{q} + 2\xi_e\omega_e\dot{q} + \omega_e^2 q - \omega_e^2 nd_{33}K_a\boldsymbol{b}^{\mathrm{T}}\boldsymbol{x} = 0$$

经拉普拉斯变换为

$$q = \frac{\omega_e^2}{s^2 + 2\xi_e\omega_e s + \omega_e^2}nd_{33}K_a\boldsymbol{b}^{\mathrm{T}}\boldsymbol{x} \tag{6.92}$$

代入式(6.90)的拉普拉斯形式，可得

$$\left(\boldsymbol{M}s^2 + \boldsymbol{K} + \frac{K_a}{1-k^2}\boldsymbol{b}\boldsymbol{b}^{\mathrm{T}}\right)\boldsymbol{x} + \frac{k^2}{1-k^2}K_a\boldsymbol{b}\boldsymbol{b}^{\mathrm{T}}x\left[\frac{-\omega_e^2}{s^2 + 2\xi_e\omega_e s + \omega_e^2}\right] = 0 \tag{6.93}$$

在转换到模态空间后，也可得到式(6.79)，后续的分析就与根据磁通量格式所得的结果一致了。

①RLC 电路即为这样的非时变滤波器，因为外界电路的传递函数并不随时间变化。——译者注

6.7　分布式控制系统

一种增强系统阻尼效果的方式是布置多个分布式的换能器，如图 4－11 所示。这一方式可增强每个控制环节关于参数不确定性的鲁棒性，也可将系统对传感器或作动器失效的敏感性最小化——即那些未失效的控制环节将继续起作用，不受失效控制环节的影响。4.5 节已给出具有 n_T 个独立且参数相等的压电换能器的系统的动力学方程，如式(4.49)和式(4.50)所示。

首先，考虑这些具有相同参数的独立的换能器都外接电压源，按照集成力规律控制，控制信号分别由单独的回路、以等大的增益接入①。由于电压源的存在，λ 不再是变量，则系统的动力学方程为

$$\boldsymbol{M}s^2\boldsymbol{x}+(\boldsymbol{K}+K_a\boldsymbol{B}\boldsymbol{B}^{\mathrm{T}})\boldsymbol{x}=\boldsymbol{B}K_a\boldsymbol{\delta}=K_a\boldsymbol{B}nd_{33}\boldsymbol{V} \tag{6.94}$$

式中，$\boldsymbol{V}$ 是描述所施加的电压的向量；$\boldsymbol{B}$ 是(nxn_T)维投影矩阵(将换能器端部的位移变换到整体坐标系，有 $\boldsymbol{\Delta}=\boldsymbol{B}^{\mathrm{T}}\boldsymbol{x}$)；$\boldsymbol{\delta}$ 是系统在无约束情形下受压电载荷时的变形向量。类似于前述章节所探讨的单输入单输出情形，力传感器的输出为：

$$\boldsymbol{y}=\boldsymbol{f}=g_sK_a(\boldsymbol{\Delta}-\boldsymbol{\delta})=g_sK_a(\boldsymbol{B}^{\mathrm{T}}\boldsymbol{x}-\boldsymbol{\delta}) \tag{6.95}$$

集成力控制规律可写为

$$\boldsymbol{\delta}=\frac{g}{g_sK_as}\boldsymbol{y} \tag{6.96}$$

此方程与单输入单输出的情形具有形式上的一致，只不过 $\boldsymbol{\delta}$ 和 $\boldsymbol{y}$ 都具有向量的形式，同时假设 g 在各控制回路中都是等大的。将上述方程结合起来，可得系统的闭环特征方程：

$$\left[\boldsymbol{M}s^2+(\boldsymbol{K}+K_a\boldsymbol{B}\boldsymbol{B}^{\mathrm{T}})-\frac{g}{s+g}(K_a\boldsymbol{B}\boldsymbol{B}^{\mathrm{T}})\right]\boldsymbol{x}=0 \tag{6.97}$$

当 $g\to 0$ 时，系统的渐进根(开环极点)满足方程：

$$[\boldsymbol{M}s^2+(\boldsymbol{K}+K_a\boldsymbol{B}\boldsymbol{B}^{\mathrm{T}})]\boldsymbol{x}=0 \tag{6.98}$$

其物理意义是系统的短路固有频率。另一方面，当 $g\to\infty$ 时，系统的渐进根(开环零点)满足方程：

$$[\boldsymbol{M}s^2+\boldsymbol{K}]\boldsymbol{x}=0 \tag{6.99}$$

其物理意义是当换能器的轴向刚度被屏蔽时系统的固有频率。分布式系统特性与单输入单输出系统相比，具有显著的不同：极点和零点不再交替出现，渐近线也较难获得。将上述特征方程转换到模态空间后的表达式几乎与 6.3.2 节中的论述一致，只是模态应变能分数重新定义为

$$\boldsymbol{\Phi}^{\mathrm{T}}(K_a\boldsymbol{B}\boldsymbol{B}^{\mathrm{T}})\boldsymbol{\Phi}\approx\mathrm{diag}(\nu_i\omega_i^2) \tag{6.100}$$

---

①此处想说明的是，系统由 n_T 个独立、等大的同位传感/作动子系统构成。——译者注

以便描述所有离散换能器环节。表 6-1 中的结论仍然成立，其中的 V_i 为所有换能器的总能量。

外接电流源或阻性电路的情形也可以由类似的思路处理，如果假设所有离散回路中都采用相同的电阻值，则表 6-1 的结论仍然成立，而作动器放置的位置应使得模态应变能分数在过关注的模态中达到最大。相关的应用有：将分布式的压电作动器作为独立子结构间的能量交换途径，引入 **Stewart** 平台中（Preumont, 2002, Abu Hanieh, 2003）；通过对集束的缆线进行控制，对拉索进行作动（Preumont, Achkire, Bossens, 1997—2001），其总集束缆线的设计目的是为了最大化模态应变能分数。

6.8 一般压电结构

从一般意义上说，压电结构的动力学方程（可参见 4.6 节）为

$$\boldsymbol{M}s^2 x + \boldsymbol{K}_{xx} x - \boldsymbol{K}_{\phi x}^{\mathrm{T}} V = 0 \tag{6.101}$$

$$s\boldsymbol{C}_{\phi\phi} V + s\boldsymbol{K}_{\phi x} x + \boldsymbol{Y}_{SH} V = I \tag{6.102}$$

对于被动分支电路，有 $I=0$，则可以将 V 带入到第一方程中消去，系统的特征方程为

$$[\boldsymbol{M}s^2 + \boldsymbol{K}_{xx} + s\boldsymbol{K}_{\phi x}^{\mathrm{T}}(s\boldsymbol{C}_{\phi\phi} + \boldsymbol{Y}_{SH})^{-1}\boldsymbol{K}_{\phi x}]\boldsymbol{x} = 0 \tag{6.103}$$

在很多情形下，$\boldsymbol{C}_{\phi\phi}$ 和 $\boldsymbol{Y}_{SH}$ 都是对角矩阵（例如，在一个结构上布置多个独立的压电片或微复合纤维），因此该方程可得到较大的简化[见式(6.59)]。渐进根 $\boldsymbol{Y}_{SH}\to\infty$ 和 $\boldsymbol{Y}_{SH}\to 0$ 分别对应于短路和开路的情形。

6.9 自感知作动器

如图 6-3 中所示的系统有两个（结对的）换能器，一个作为传感器，另一个作为作动器。实际上，可以将作动器和传感器的功能集成在一个叫“自感知作动器”的单元中（Dosch, Inman & Garcia, 1992）。第 3 章讨论了一般意义上的自感知作动器，在这里将详细讨论基于压电材料的自感知作动器。由于压电换能器已具有一个本征电容，所以基于压电材料实现的自感知作动器的电路布局如图 6-12 所示，其中所有的电路元件都是电容。控制电压为 V_C，传感器输出为 V_1-V_2。通过选取合适的 C_3，可以使得传感器的输出与作动器产生的激振力（即压电层两端的相对位移 Δ）成正比。接着，可发现传递函数零点受 C_3 的影响，因此该电容值可用于构造系统的开环频响函数。

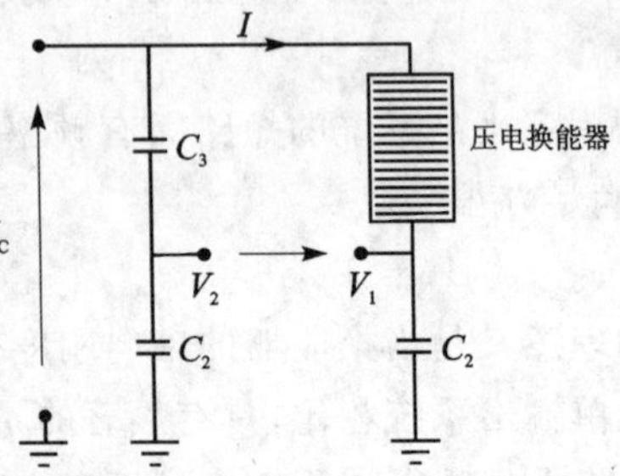

图 6-12 （压电）自感知作动器

6.9.1　力传感

自感知作动器的传感功能由一个电桥实现(见图 6-12),电桥中的一个电容由压电材料的本征电容提供,其他为外接电容。根据换能器的本构方程式(4.6),可得

$$I/s = Q = CV + nd_{33}f \tag{6.104}$$

式中,c 为自由电容(即对应于 $f=0$);V 为电极两端的电势差。上式可写为

$$V = \frac{I}{Cs} - \frac{nd_{33}}{C}f \tag{6.105}$$

另一方面,有

$$V_1 = \frac{I}{C_2 s}$$

$$V_c = V + V_1 = \left(\frac{1}{C} + \frac{1}{C_2}\right)\frac{I}{s} - \frac{nd_{33}}{C}f$$

或者写为

$$I = \frac{CC_2 s}{C + C_2}V_c + \frac{C_2 s}{C + C_2}nd_{33}f$$

$$V_1 = \frac{I}{C_2 s} = \frac{C}{C + C_2}V_c + \frac{nd_{33}}{C + C_2}f \tag{6.106}$$

在电桥的左侧支路,有

$$V_2 = \frac{C_3}{C_3 + C_2}V_C \tag{6.107}$$

$$V_1 - V_2 = \left[\frac{C}{C + C_2} - \frac{C_3}{C_3 + C_2}\right]V_C + \frac{nd_{33}}{C + C_2}f \tag{6.108}$$

若 C_3 满足条件 $C_3 = C$,则输出为

$$V_1 - V_2 = \frac{nd_{33}}{C + C_2}f \tag{6.109}$$

与换能器产生的激振力成正比。

6.9.2　位移传感

另外,也可由本构方程式(4.7)开始:

$$I/s = Q = C^S V + nd_{33}K_a\Delta \tag{6.110}$$

式中,$C^S = (1-k^2)$是阻滞电容(即对应于 $\Delta=0$)。按照与上节相似的思路,有

$$V = \frac{I}{C^S s} - \frac{nd_{33}K_a}{C^S}\Delta$$

$$V_C = V_1 + V = \frac{I}{C_2 s} + \frac{I}{C^S s} - \frac{nd_{33}}{C^S}\Delta$$

或写为

$$I = \frac{C^S C_2 s}{C^S + C_2} V_c + \frac{C_2 s}{C^S + C_2} n d_{33} K_a \Delta$$

$$V_1 = \frac{I}{C_2 S} = \frac{C^S}{C^S + C_2} V_C + \frac{n d_{33} K_a}{C^S + C_2} \Delta \tag{6.111}$$

式(6.107)对于电桥的另一侧也成立,其输出为

$$V_1 - V_2 = \left[\frac{C^S}{C^S + C_2} - \frac{C_3}{C_3 + C_2}\right] V_C + \frac{n d_{33} K_a}{C^S + C_2} \Delta \tag{6.112}$$

若 C_3 满足条件 $C_3 = C^S = C(1-k^2)$,则输出为

$$V_1 - V_2 = \frac{n d_{33} K_a}{C^S + C_2} \Delta \tag{6.113}$$

与换能器两端的相对位移成正比。

6.9.3 传递函数

由本节的前述内容可知,自感知换能器的输出与电桥中电容 C_3 的取值有关:当 $C_3 = C$ 时,输出信号表征作动器的输出力;当 $C_3 = C^S = C(1-k^2)$ 时,输出信号表征压电作动器两端的相对位移。这表明电容值 C_3 也同时影响着系统的传递函数零点,这正是本节将论述的内容。

考虑附加在某个结构上的自感知作动器,如图 6-13 所示,其中 C_3 为可变电容。本节要论述的问题是传递函数 $(V_1 - V_2)/V_C$。拉格朗日函数可写为

$$\begin{aligned} L = {} & \frac{1}{2} \dot{\boldsymbol{x}}^{\mathrm{T}} \boldsymbol{M} \dot{\boldsymbol{x}} - \frac{1}{2} \boldsymbol{x}^{\mathrm{T}} (\boldsymbol{K} + K_a \boldsymbol{b} \boldsymbol{b}^{\mathrm{T}}) \boldsymbol{x} + C(1-k^2) \frac{(V_C - \dot{\lambda}_1)^2}{2} + \\ & n d_{33} K_a (V_c - \dot{\lambda}_1) \boldsymbol{b}^{\mathrm{T}} \boldsymbol{x} + \\ & \frac{1}{2} C_3 (V_C - \dot{\lambda}_2)^2 + \frac{1}{2} C_2 (\dot{\lambda}_2^2 + \dot{\lambda}_1^2) \end{aligned} \tag{6.114}$$

式中有两个电路变量,λ_1 和 λ_2;类似 4.4 节中的处理,令 $V_1 = \dot{\lambda}_1, V_2 = \dot{\lambda}_2$,则系统的动力学方程为(拉普拉斯形式):

$$\boldsymbol{M} s^2 \boldsymbol{x} + (\boldsymbol{K} + K_a \boldsymbol{b} \boldsymbol{b}^{\mathrm{T}}) \boldsymbol{x} = \boldsymbol{b} K_a n d_{33} (V_C - V_1) \tag{6.115}$$

$$s[-C(1-k^2)(V_C - V_1) - n d_{33} K_a \boldsymbol{b}^{\mathrm{T}} \boldsymbol{x} + C_2 V_1] = 0 \tag{6.116}$$

$$s[-C_3 (V_C - V_2) + C_2 V_2] = 0 \tag{6.117}$$

其中,第一个式子描述了结构的动力学行为,而后两个方程式表述电桥的基尔霍夫定律。第三个式子可化简为

$$\frac{V_2}{V_C} = \frac{1}{1 + C_2 / C_3} \tag{6.118}$$

接下来,推导关于 V_1 和的 V_C 传递函数。由式(6.116),可得

$$V_1 = \frac{n d_{33} K_a \boldsymbol{b}^{\mathrm{T}} \boldsymbol{x} + C(1-k^2) V_C}{C(1-k^2) + C_2} \tag{6.119}$$

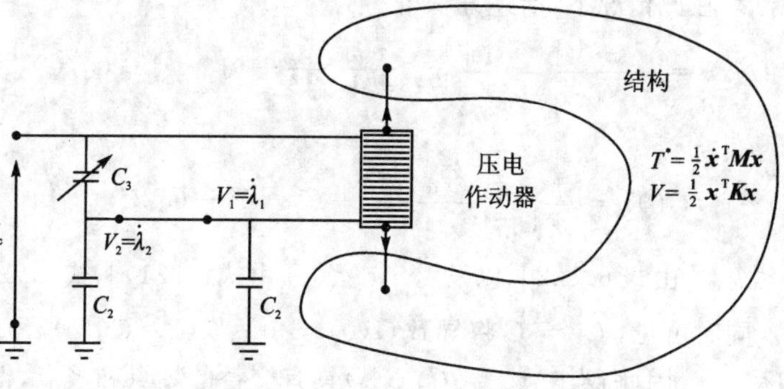

图 6-13　附加在某个结构上的自感知作动器

将式(6.115)带入,并利用式(4.8),可得

$$\boldsymbol{M}s^2+\boldsymbol{K}+K_a\boldsymbol{bb}^T\left[1+\frac{k^2}{1-k^2+\gamma}\right]\boldsymbol{x}=\boldsymbol{b}nd_{33}K_a\left[\frac{\gamma}{1-k^2+\gamma}\right]V_c \tag{6.120}$$

式中,$r=C_2/C$。该方程与式(4.30)十分相似。将上式转换到模态空间中,令 $x=\Phi\alpha$,可得

$$\left[s^2+\omega_i^2+v_i\omega_i^2\frac{k^2}{1-k^2+\gamma}\right]\alpha^i=\boldsymbol{\phi}_i^T\boldsymbol{b}nd_{33}K_a\left[\frac{\gamma}{1-k^2+\gamma}\right]V_C \tag{6.121}$$

此式说明,该系统的开环极点的取值在系统的短路固有频率 ω_i(对应于 $r\to\infty$)和开路固有频率 Ω_i(对应于 $r\to0$)之间。定义:

$$\omega_i^{*2}=\omega_i^2+v_i\omega_i^2\frac{k^2}{1-k^2+\gamma} \tag{6.122}$$

则 ω_i^* 为系统在驱动电压源被短路($V_C=0$)时的固有频率。根据此定义,结构的位移可表述为

$$x=\sum\frac{\boldsymbol{\phi}_i\boldsymbol{\phi}_i^T\boldsymbol{b}}{s^2+\omega_i^{*2}}nd_{33}K_a\left[\frac{\gamma}{1-k^2+\gamma}\right]V_C$$

进一步结合式(6.119),并使用式(6.15)中对 V_i 的定义,可得

$$\frac{V_1}{V_c}=\sum_i\frac{v_i\omega_i^2}{s^2+\omega_i^{*2}}\frac{k^2\gamma}{(1-k^2+\gamma)^2}+\frac{1-k^2}{1-k^2+\gamma} \tag{6.123}$$

结合式(6.118),可得系统的开环传递函数:

$$G(s)=\frac{V_1-V_2}{V_C}=\sum_i\frac{v_i\omega_i^2}{s^2+\omega_i^{*2}}\frac{k^2\gamma}{(1-k^2+\gamma)^2}+\left[\frac{1-k^2}{1-k^2+\gamma}-\frac{1}{1+\gamma C/C_3}\right] \tag{6.124}$$

其中所有的模态余项都为正,这保证了极点和零点的交替出现。另一方面,方括号中的馈通项可被因子 C/C_3 改变,改变 C_3 的值可使系统的馈通项改变,从而改变系统的零点位置。这为构造开环传递函数提供了一种途径。为了说明这一点,考虑

当 $r \gg 1$ 的情形；在此情况下，前述方程可写为

$$G(s)=\frac{V_1-V_2}{V_C}=\frac{1}{\gamma}\left[\sum_i \frac{v_i\omega_i^2k^2}{s^2+\omega_i^{*2}}+(1-k^2-C_3/C)\right] \tag{6.125}$$

在 $s=0$ 处，

$$G(0)=\frac{1}{\gamma}\left[\sum_i \frac{v_i\omega_i^2k^2}{\omega_i^{*2}}+(1-k^2-C_3/C)\right] \tag{6.126}$$

由于 $\omega_i<\omega_i^*$ [由式 6.122]，以及 $\sum v_i<1$ [由式(6.21)]，式(6.126)的第一项将远小于 k^2。同时可见，$C_3=C$ 将导致 $G(0)=0$；当 $C_3=C(1-k^2)$ 时，馈通项为零，导致 $G(0)>0$。因此，当时 $C_3=C$，$G(s)$ 具有交替的零点和极点，根轨迹由零点开始；而当 $C_3=C(1-k^2)$ 时，根轨迹由极点开始。图 6-14 展示了 C_3 对典型开环频响函数的影响（参数：$\omega_1=1,\omega_2=2,\omega_3=3,v_1=v_2=v_3=0.2,k=0.5,r=1$，恒定阻尼比 $\xi_i=0.01$）。

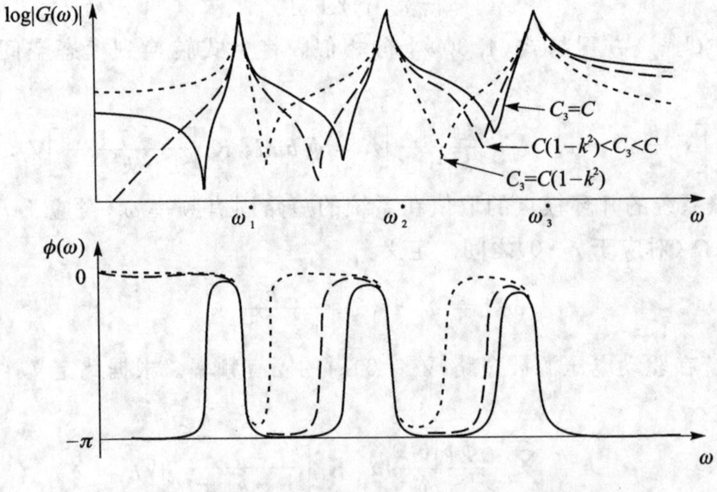

图 6-14 自感应作动器：电容 C_3 对开环频响函数的影响

6.10 其他主动阻尼技术

由图 6-14 可见，所有的频响函数均具有交替的零点和极点，然而各曲线上极点和零点在低频区的出现顺序不同。$C_3=C$ 所对应的系统的频响函数从一个低频的零点开始，与图 6-4(a)和 6-5(b) 相同——在此情形下，集成力控制是非常有效率的一种方式。另一方面，对应于 $C_3=C(1-k^2)$，频响曲线由一个低频的零点开始，此时采用集成力控制系统将是不稳定的。接下来给出一些其他的主动控制策略。

6.10.1　超前控制

首先考虑当频响函数在高频区具有衰减趋势的情形，通常每 10 倍频程衰减 40 分贝，对应于系统的极点数比零点数多两个的情形（在高频区按 ω^{-2} 的比例进行衰减）。开环传递函数的模态展开式为

$$G(s)=\sum_{i=1}^{n}\frac{\boldsymbol{b}^{\mathrm{T}}\phi_i\phi_i\boldsymbol{b}}{\mu_i(s^2+\omega_i^2)} \tag{6.127}$$

这通常对应于一个由产生单点激励的激振器和位移传感器所构成的同位系统。其根轨迹图如图 6-15所示，此类系统可由一个超前补偿器产生阻尼：

$$H(s)=g\frac{s+z}{s+p}\quad (p>>z) \tag{6.128}$$

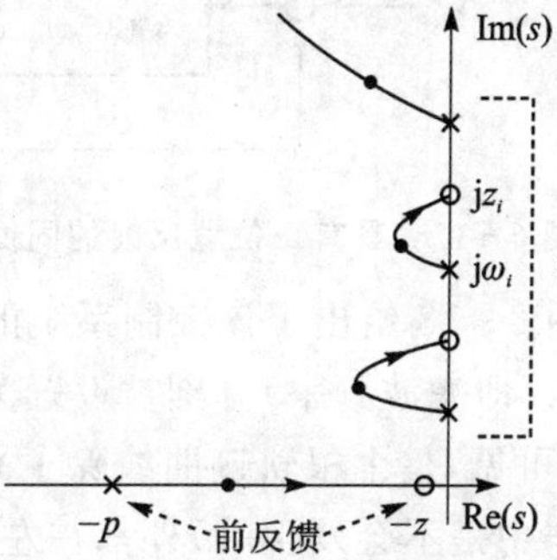

图 6-15　具有超前反馈的同位系统的根轨迹图（开环传递函数的极点比零点数目多两个）

该控制系统的框图如图 6-16 所示。由于此类控制器实际上在极点和零点之间的频带内产生了一个相位超前，对该频带内的所有模态提供了主动阻尼，所以得名“超前控制”。根轨迹图上的所有分支都位于左半平面，说明该系统具有可保证的稳定性，至少在其由理想作动器和传感器构成的假设下。该控制器的传递函数在高频区并不产生衰减，然而结构传递函数的在高频区的衰减足以保证系统的稳定性。

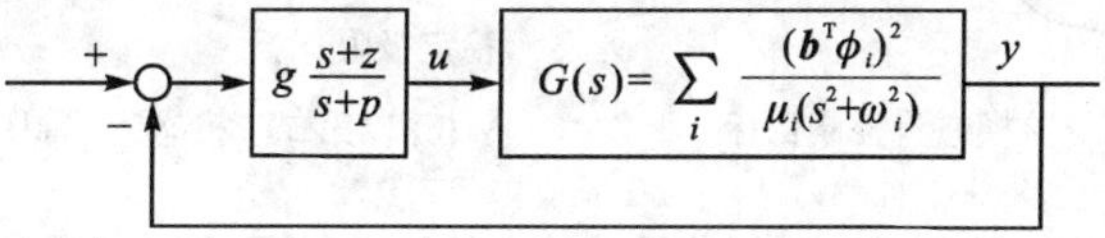

图 6-16　具有超前反馈的同位系统的框图（开环传递函数的极点比零点数目多两个）

6.10.2　正位置反馈控制

实际上，在采用压电作动器对结构振动进行控制时，开环传递函数在高频区具有每倍频程 40 分贝的衰减并不是最常见的情形。图 5-10 展示了一组典型的开环频响曲线，来自一个具有同位传感器/作动器的主动悬臂梁（类似于图 5-6）。正如前述章节的论述，该频响曲线在高频并未衰减，说明系统的传递函数表达式中有馈通项[见式 6.124]。当系统的开环传递函数有馈通项时，要达到系统的稳定性就需要控制器的传递函数中有衰减项（对于集成力反馈，控制器中的 1/s 项具有每 10 倍频程 20 分贝的衰减）。正是为了达到这样的需求，（Goh & Caughey，1985，Fanson & Caughey，1990）提出了正位置反馈，该控制器由一个二阶滤波器构成：

$$H(s)=\frac{-g}{s^2+2\xi_f\omega_f s+\omega_f^2} \tag{6.129}$$

式中，阻尼比通常较大(0.5～0.7)；滤波频率 ω_f 与想要控制的模态频率一致。该控制规律的框图如图 6-17 所示，由于传递函数 $\boldsymbol{H}(\boldsymbol{S})$ 含有负号，使得该控制规律成为正反馈，因而得名“正位置反馈”。

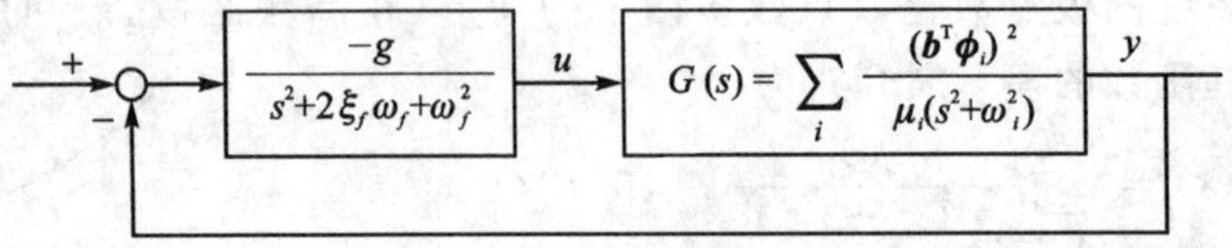

图 6-17　具有正位置反馈的同位系统的框图(开环传递函数的极点和零点数目相等)

图 6-18 给出了该控制系统的一个典型的根轨迹图，其中正位置反馈的传递函数极点(即滤波频率)分别被设置为第一阶模态和第二阶模态(即 ω_f 分别等于 ω_1 和 ω_2)。可见，整个根轨迹曲线除了一个分支(该分支只在增益 g 很大时达到，这在实际操作中是不会发生的)外都在左半平面。

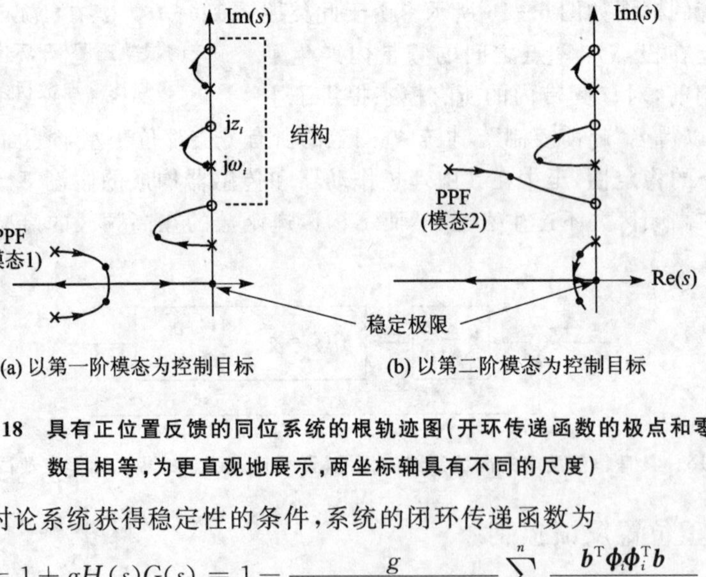

(a) 以第一阶模态为控制目标　　(b) 以第二阶模态为控制目标

图 6-18　具有正位置反馈的同位系统的根轨迹图(开环传递函数的极点和零点数目相等，为更直观地展示，两坐标轴具有不同的尺度)

接下来讨论系统获得稳定性的条件，系统的闭环传递函数为

$$\psi(s)=1+gH(s)G(s)=1-\frac{g}{s^2+2\xi_f\omega_f s+\omega_f^2}\sum_{i=1}^{n}\frac{\boldsymbol{b}^{\mathrm{T}}\boldsymbol{\phi}_i\boldsymbol{\phi}_i^{\mathrm{T}}\boldsymbol{b}}{\mu_i(s^2+\omega_i^2)}=0$$

或

$$\psi(s)=s^2+2\xi_f\omega_f s+\omega_f^2-g\sum_{i=1}^{n}\frac{\boldsymbol{b}^{\mathrm{T}}\boldsymbol{\phi}_i\boldsymbol{\phi}_i^{\mathrm{T}}\boldsymbol{b}}{\mu_i(s^2+\omega_i^2)}=0$$

根据劳斯-胡尔维茨稳定性判据，如果特征方程的幂级数展开后存在负数因子，则系统是不稳定的。虽然难以直观地给出在任意 n 下 $\psi(s)$ 的幂级数展开，然而易知(当 $s=0$时)其常数项为

$$a_n=\psi(0)=\omega_f^2-g\sum_{i=1}^{n}\frac{\boldsymbol{b}^{\mathrm{T}}\boldsymbol{\phi}_i\boldsymbol{\phi}_i\boldsymbol{b}}{\mu_i\omega_i^2}$$

在此情形下，仅当静态增益大于 1 时 a_n 为负，因此系统的稳定性条件为

$$gG(0)H(0)=\frac{g}{\omega_f^2}\sum_{i=1}^{n}\frac{\boldsymbol{b}^{\mathrm{T}}\boldsymbol{\phi}_i\boldsymbol{\phi}_i\boldsymbol{b}}{\mu_i\omega_i^2} \tag{6.130}$$

注意到,此条件的达到并不影响其阻尼效果。由于在实际情况下,并不会由于增益过大而产生系统失稳,所以实际上可将正位置前反馈视为一种无条件稳定系统。与超前反馈等前述章节中阐述的,可控制一个频带内所有模态的方法不同,正位置反馈只能用于与之谐振的模态上(这同时要求对系统固有频率的准确掌握),且其振动抑制效果在其他具有不同频率的模态上迅速减弱。也可在同一个系统中布置多个正位置反馈回路,但是应仔细地检查它们的实际极点,并考虑各回路间的耦合效应。

6.11　讨　论

在本章的论述中,在忽略结构的机械阻尼的前提下,针对各种主动(闭环)阻尼技术,获得了一些解析的结论。对于存在弱阻尼的系统,也可根据这些结论对其实施主动或被动阻尼。

在忽略结构机械阻尼,并考虑理想作动器和传感器的情形下,同位地布置传感器和作动器可以为系统提供足够的稳定性——即使其具有交替的零点和极点。对于非同位系统,这些结果是不足的。由于溢出的存在,在没有结构阻尼的情况下不可能通过反馈使连续的弹性系统达到稳定。同样,对于非理想的作动器和传感器,同位布置的系统仍然能具有交替的零点和极点,结构仍能获得稳定的主动(闭环)阻尼。

6.12　参考文献

[1] ABU HANIEHA. Active isolation and damping of vibrations via Stewart platform,PhD Thesis,Universite Libre de Bruxelles,Active Structures Laboratory,2003.

[2] ACHKIREY. Active tendon control of cable - stayed bridges,PhD Thesis,University Libre de Bruxelles,Active Structures Laboratory,1997.

[3] ANDERSONE H,HAGOODN W. Simultaneous piezoelectric sensing/actuation:analysis and application to controlled structures[J]. Journal of Sound and Vibration,1994(174),617 - 639.

[4] AUBRUN JN. Theory of the control of structures by low - authority controllers [J]. AIAA J. Guidance and Control,1980,3(5):444 - 451.

[5] BALASM J. Active Control of Flexible Systems[J]. Journal of Optimization Theory and Applications,1978,25(3):415 - 436.

[6] BALASM J. Direct Velocity Feedback Control of Large Space Structures[J]. AIAA J. of Guidance and Control,1979,2(3):252 - 253.

[7] BOSSENSF. Control actif des structures cablees: de la theorie a limplementation, PhD Thesis, Univerdite Libre de Bruxelles, Active Structures Laboratory, 2001.

[8] CANNONR H, ROSENTHALD E. Experiment in Control of Flexible Structures with Noncolocated Sensors and Actuators[J]. AIAA J of Guidance and Control, 1984, 7(5): 546 - 553.

[9] CHENW K. Passive and Active Filters[M]. New York: Wiley, 1986.

[10] CLARKW W. Vibration control with state - switched piezoelectric materials [J]Journal of Intelligent Material Systems and Structures, 2000, 11(4): 263 - 271.

[11] DAVISC L, LESIEUTREG A. A modal strain energy approach to the prediction of resistivity shunted piezoceramic damping[J]. Journal of Sound and Vibration, 1995, 184(1): 129 - 139.

[12] DELIYANNIST, SUNY, FIDLERJ K. Continous - Time Active Filter Design [M]. Boca Raton: CRC Press, 1999.

[13] DEN HARTOGJ P. Mechanical Vibrations [M]. New York: McGraw - Hill, 1947.

[14] DORLEMANNC, MUSSP, SCHUGTM, et al. New high speed current controlled amplifier for PZT multiplayer stack actuators[M]. Bremen: ACTUATOR2002.

[15] DOSCHJ, INMAND, GARCIAE. A self - sensing piezoelectric actuator for collocated control[J]. Journal of Intelligent Material Systems and Structures, 1992(3), 166 - 185.

[16] EDBERGD L, BICOSA S, FECHTERJ S. On piezoelectric enrgy conversion for electronic passive damping enhancement[M]. San Diego: Proceedings of Damping'91, 1991.

[17] FANSON J L, CAUGHEY T K. Positive Ppsition Feedback control of large space structures[J]. AIAA Journal, 1990, 28(4): 171 - 724.

[18] FORWARDR L. Electronic damping of vibrations in optical structures[J]. Journal of Applied Optics, 1979, 18(3): 690 - 697.

[19] GEVARTERW B. Basic relations for control of flexible vehicles[J]. AIAA Journal, 1970, 8(4): 666 - 672.

[20] GOHC J, CAUGHEYTK. On the stability problem caused by finite actuator dynamics in the collocated control of large space structures[J]. Int. J. Control, 1985, 41(3): 787 - 802.

[21] GUYOMARD, RICHARDC. Non - linear and hysteretic processing of piezoelementApplication to vibration control, wave control and energy harvesting

[J]. Int. Journal of Applied Electromagnetics and Mechanics, 2005(21), 193 - 207.

[22] HAGOODN W, CRAWLEY EF. Experimental investigation of passive enhancement of damping for space structures[J]. AIAA J of Guidance, 1991, 14 (6): 1100 - 1199.

[23] HAGOODNW, von FLOTOWA. Damping of structural vibrations with piezoeletric materials and passive electrial networks[J]. Journal of Sound and Vibration 1991, 146(2): 243 - 268.

[24] HOLLKAMPJ J. Multimodal passive vibration suppression with piezoeletric materials and resonant shunts[J]. J. Intell. Material Syst. Structures, 1994, 5 (1).

[25] HUGHESP C, ABDEL - RAHMANT M. Stability of Proportional Plus Derivative Plus Integral Control of Flexible Spacecraft[J]. AIAA J of Guidance and Control, 1979, 2(6): 499 - 503.

[26] MARTING D. On the control of flexible mechanical systems, PhD Thesis, Stanford University, 1978.

[27] MOHEIMANIS O R. A survey of recent innovations in vibration damping and control using shunted piezoelectric transducers[J]. IEEE Transactions on Control Systens Technology, 2003, 11(4): 482 - 494.

[28] PARKC H, BAZA. Vibration control of beams with negative capacitive shunting of interdigital electrode piezoceramics[J]. Journal of Vibration and Control, 2005(11), 331 - 346.

[29] PREUMONTA, DUFOURJ P., MALEKIANC. Active damping by a local force feedback with piezoelectric actuators[J]. AIAA J of Guidance, 1992, 15 (2): 390 - 395.

[30] PREUMONTA, DUFOURJ P, MALEKIANC. Active damping of structures with guy cables[J]. AIAA Journal of Guidance, Control and Dynamics, 1997, 20(2): 320 - 326.

[31] PREUMONTA, ACHKIRE Y, BOSSENS F. Active tendon control of large trusses[J]. AIAA Journal, 2000, 38(3): 493 - 498.

[32] PREUMONTA. Vibration Control of Active Structures, An Introduction [M]. 2nd ed. Amsterdam: Kluwer, 2002.

术语对照及索引

Generalized coordinates	广义坐标	1.3
Generalized electromechanical coupling factor	广义机电耦合的因子	6.1

In English	**中文**	**首次出现章节**
Generalized momentum	广义动量	1.9.2
geometric	几何的	
Stiffness	刚度	1.10.4
Strain energy	应变能	1.10.4
Geophone	地震监测仪	3.5.7
Green strain tensor	格林应变张量	1.10.3
Gyroscopic	陀螺的	
Forces	力	1.7.1
system	系统	1.7.1
Hamilton's principle	哈密顿原理	1.6
Charge formulation	电量格式的	2.4.1
Flux linkage formulation	磁通量格式的	2.4.2
High－pass filter	高通滤波器	5.2.3
Holonomic constraint	完整约束	1.3
Homogenized piezoelectric constant	同质化(均匀的)压电常数	5.5.7
Hydrostatic loads	静水压力	5.5.5
Ignorable coordinate	隐性坐标	1.9.2
Impedance	阻抗	4.4.4
Impulse response	脉冲响应	6.1
Inductive shunting	感性分支电路	6.6
Integral force feedback (IFF)	集成力反馈	6.3
Interlacing	(零、极点)交错	5.5.6
Inverse pirzoelectric effecr	逆压电效应	4.2
Jacobi integral	雅可比积分	1.9.1
Kinematic constraint	动力学约束	1.3
Kinetic	运动学的、动力学的	
Coenergy	动余能	1.2
Energy	动能	1.2
Kirchoff	基尔霍夫	
Current rule (KCR)	基尔霍夫电流定律	2.1
Voltage rule (KVR)	基尔霍夫电压定律	2.1
Kirhoff plate theory	基尔霍夫定律	5.5.2
Kronecker delta index	克罗内克算子	5.3.1

Orthogonality conditions	正交性条件	5.3
Painleve integral	潘勒维积分	1.9.1
Parabolic electrode	抛物线形电极	5.1.2
Passive damping	被动阻尼	6.1
Piezoelectric	压电的	
In English	**中文**	**首次出现章节**
Beam	压电梁	5.5.7
Coenergy	压电余能	4.3
Energy	压电能	4.3
Laminate	压电层合板	5.1
Loads	压电载荷	5.1.2
Materials	压电材料	4.1
Transformer (Rosen's)	罗斯压电变压器	4.9
Pole - zero pattern	零-极点图	5.4.2
Poling	极化	4.2
Polyvinylidene fluoride	聚偏氟乙烯	4.2
Porous electrode	多孔电极	5.5.7
Positive position feedback (PPF)	正位置反馈	6.10.2
Prestressed piezoelectric transducer	有预应力的压电换能器	4.4.4
Principle of virtual work	虚功原理	1.4
PVDF	聚偏氟乙烯	4.2
PZT	锆钛酸铅陶瓷	4.2
Fibers	锆钛酸铅纤维	5.5.7
Quality factor	品质因子	4.9
Quasi - static correction	准静态修正	5.4.3
Rayleigh - Ritz method	瑞利-里兹法	1.10.1
Rectangular electrode	矩形电极	5.1.2
Reluctance force	磁阻力	3.5.8
Residual mode	剩余模态,模态剩余	5.4.3
Resistive shunting	阻性分支电路	6.5
Resonance	共振	5.4.2
Roll - off	衰减	5.4.3
Root locus	根轨迹	6.3.2
Rosen's Piezoelectric transformer	罗斯压电变压器	4.9
Routh - Hurwitz criterion	劳斯-胡尔维茨稳定性判据	6.10.2
SAMCEF	(一种法国的有限元软件)	5.5.7
Scleronomic constraint	定常约束	1.3